U0359495

玉道

王伟斌 主编

㊁ 玉之史

九州出版社 JIUZHOUPRESS | 全国百佳图书出版单位

引 言

最早的玉是祖先们装扮自己的饰品，之后慢慢走上神坛，在原始社会晚期作为人神沟通的灵物而存在。直到国家和阶级出现，它从神权的象征变成王权的象征。随着物质的丰富和思想的进步，它又从王权中解放出来，变成美好生活的象征。

在近万年的发展变迁中，“玉”经历了巫玉、王玉、民玉等几个不同的大历史阶段，在每个历史阶段都是最高的文化象征之一，与宗教、政权、文化、民生相互影响，可以说玉是中华民族文化体系重中之重的文化圭臬。

原始社会的巫玉、商代的征玉、西周的礼玉、东周的德玉、汉代的葬玉、魏晋的食玉、隋唐的金镶玉、宋辽金元的生活玉、明清时期的盛世玉，无不表明玉在中华民族发展的历史长河中扮演着重要的角色。这就是玉之为物的演变，我们称之为玉之史。

目
录

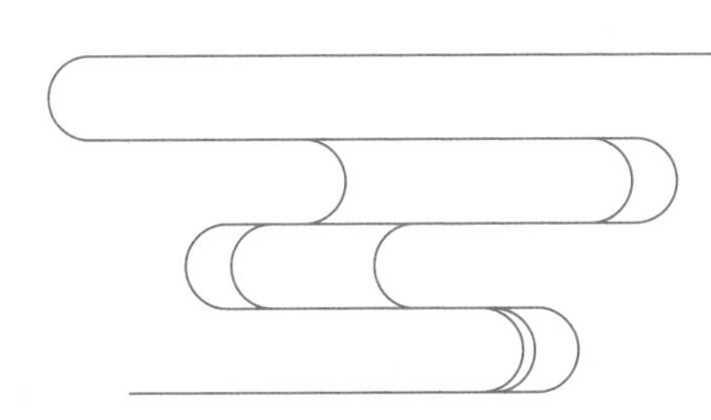

第一章

以玉事神

史前神巫的法器

“

新石器时代晚期，各地域之间的这种交流和融合越来越剧烈，满天星斗的古中国聚落背后，一种统一性的新的文明形态正在孕育。

从兴隆洼到红山

几百万年漫长的早期人类发展史中，有几件事情的出现，大大地改变了演变的进程。学会制作劳动工具，让人类完全区别于其他动物，成为万物之长。学会用火，让人类能够超越自然条件的限制，生存的机会大大增加。而玉器的使用，不但标志着人类审美意识的全面觉醒，而且意味着人类已经正式向着文明社会迈进了。

盘古的精髓化为玉石和女娲炼五色玉石补天，固然只是先民们对于玉的起源和神圣性的思考在神话上的投射，但也从客观上印证了玉石崇拜的真实性。大概一万多年前，人类社会陆续进入磨制石器的时代，即新石器时代。随着生产力的发展，以及人类智力和思维的提高，磨制石器与打制石器相比，有一种类似抛光的效果，玉与石的区别和优劣就被明显地呈现出来了。先民们被

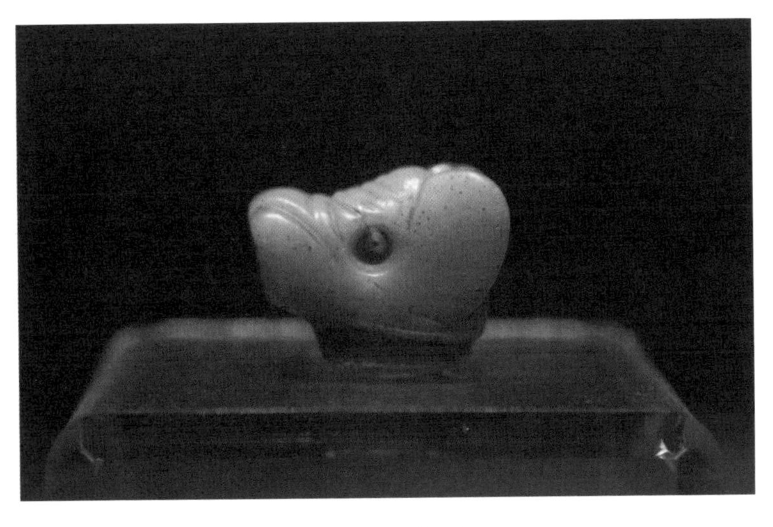

红山文化猪首形器

这种美丽石头的光泽和手感所吸引，把它们打磨成饰品来装饰自己的生活，于是，最早的玉器出现了。

随着组织形态的演变，人类以部落形式聚居，社会性越来越强。在东方的古中国地区，因为地势的西高东低，有若干条大河自西向东流入大海，大河的沿岸成为适宜人类居住的场所，从北到南，陆续滋养出一些大型文化聚落。这些文化聚落以是否产生祭祀文化体现出发展程度的高低，而是否开始使用玉器，则是判断祭祀文化是否向成熟发展的一个重要依据。

在学会用火之后，人类的思考能力发轫前行。他们认为，供

红山文化玉勾云形器

给食物的草木、山川、大地都是神灵创造的，日升月落、风雨雷电、生老病死这些自然现象也都由神灵控制。要想获得充足的食物，就必须向神灵进贡，并把自己的想法传达给神灵，而玉被认为是具有传递信息能力的圣物。于是他们把玉石琢磨成祭器，并创造出一套神秘的仪式，来礼敬神灵。祭祀文化由此成熟，之后变得越来越重要，也越来越复杂，浸润人类生活，活在了人类心灵深处。

一万年前，中国的东北地区还不像现在这样寒冷，一批早期人类沿着黑龙江、松花江、乌苏里江等河流定居。乌苏里江流域的小南山遗址出土了中国目前为止最早的一批玉器，有玉管、玉珠、玉环、玉锛、玉斧、玉璧、玉匕形饰等，距今有将近九千年，其中大部分器型脱胎于生产生活用具，但有些器型初见祭祀文化的影子，并延续到了后来的红山文化玉器中。在这之后，松花江流域和辽河流域的兴隆洼遗址、查海遗址、新乐遗址中也陆续出土了原始的玉器。

兴隆洼文化是东北文明起源的摇篮，距今 8200~7400 年左右，主要分布于辽河流域。那时的人们除了采集、渔猎之外，已经开始尝试农耕。他们制造陶器，建造房屋，并开启了中国规模性用玉的先河。兴隆洼文化出土的玉器已经超过一百件，有玉锛、玉斧、玉匕形器、玉璜形饰，其中的几对玉玦形饰，造型规整，制作精美，堪称佳作。这种玦形器经过代代传承，成为后来最流行的玉器造

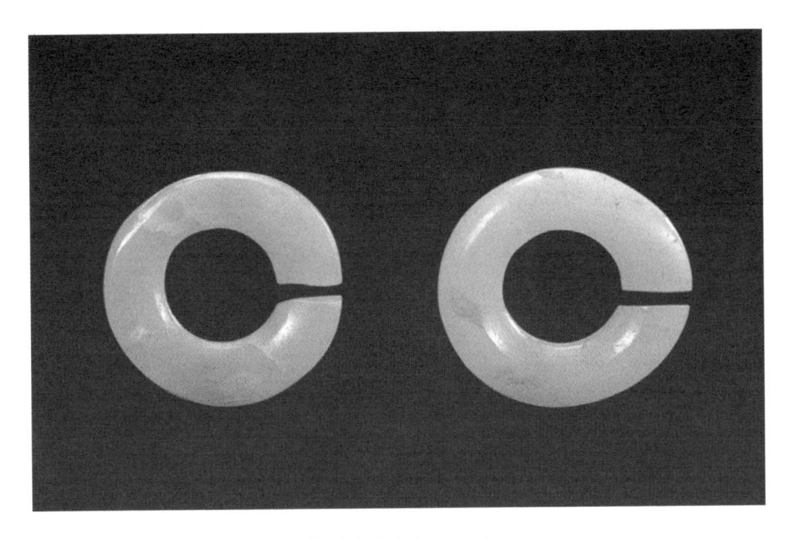

兴隆洼文化玉玦一对

型之一。

历史发展到距今 6700~4900 年左右，那是辽河流域的红山文化繁荣的时代。在二十多万平方公里的土地上有近千处的先民活动遗迹，玉龙、玉猪、玉鹰、玉龟、玉环、玉璧、玉勾云形器等不断破土而出，那是玉被真正捧上神坛的时期。出土玉器的种类之多、造型之奇都大大超出人们的想象，这绝不是像陶器一样普通的生活用品，必定是高高在上的祭祀灵器。

红山文化的牛河梁遗址发掘出女神庙、大型祭坛和高级墓葬群，说明红山人生活在一个祭祀和图腾文化盛行的社会，人们既

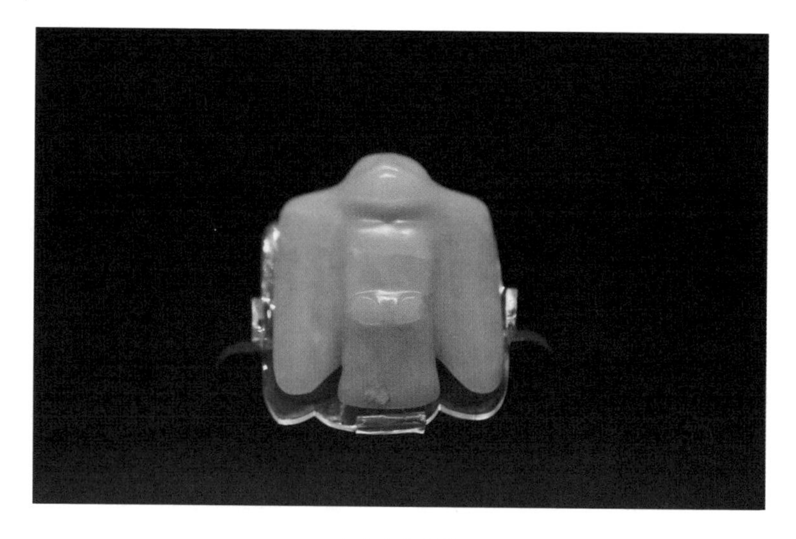

红山文化玉鹰

重视生存的质量，也关注死亡的意义。红山人把祭坛设在高高的山上，试图拉近自己和神灵的距离，把精心琢磨的玉器献给神灵，祈求神灵保佑部族食物充足，灾害远离。在部族人去世的时候，也会埋葬得离祭坛和神灵近一些，作为祭祀用的玉器也被一同埋藏，希望不要中断了和神灵的联系。

红山文化的遗址里出土了数量众多的陶塑女神像，其中最引人注目的一件女神像眼睛用玉石镶嵌。那仿佛拥有无限法力的神圣形象，似乎在诉说着这个部落同炼石补天的女娲有着某种联系，也印证着这个母系氏族社会中神权的至高无上。而那些埋葬在祭坛周围的红山人，无疑都是拥有解释神灵旨意与掌握部族权力的大祭司和部落首领们。

出土于内蒙古赤峰市三星他拉村的碧玉C形龙，凸面似猪，飞鬃似马，卷身似蛇，是红山文化最具代表性的玉器之一。这件器物甫一映入人们眼帘就被叫作龙，它的确太像后来的龙的形象，虽然从八千年前穿越而来，那种奔腾灵动仍然震撼人心，仿佛就是这个民族生生不息的见证，所以被人们称为“中华第一龙”。不管它的形象来源于哪种动物，是单一图案还是拼合造型，它都是红山人神灵崇拜和图腾发兴的见证。

C形玉龙的形象不是唯一的，相似的还有玦形龙，它们似乎

红山文化C形龙

有着共同的源头——兴隆洼文化的玉玦。C 形龙和玦形龙数量都不少，也引起了后人极大的研究热情。有学者认为这种造型源于胎儿在母体中的形象，是一种生育崇拜。有学者认为它们源于野猪被吊起屠宰和祭祀的形象，是一种食物崇拜。还有学者认为它们是早期观天的仪器。不管哪种猜测，都已经把这些玉器脱离出了普通的生产劳作以及生活装饰范畴，它们是一种具有重大社会功能的神器，是能够保佑部落生存延续的圣物。

红山文化的玉器多是就地取材，以岫岩透闪石玉和岫岩蛇纹石玉为主，硬度不像新疆的和田玉那么高，但是在当时的条件下，制造这些玉器仍然不是易事。红山人已经可以对玉器进行打孔和

红山文化玦形龙

透雕，只是玉器表面还没有习惯雕琢纹饰。古朴、简约、厚重、生机是红山文化玉器的特点，虽然这些玉器还处处透着原始的气息，但工艺的严格规范性和鲜明的个性，使人一望便知是该文化的玉器，这已经足够说明红山的先民们已经离文明社会近在咫尺了。

红山文化经小河沿文化发展到夏家店文化，已经步入了早期的青铜时代，并跟中原地区有了亲密接触。玉器始终在这一地区先民的社会生活中占据着重要地位，是他们祈福禳灾的圣物。

从河姆渡到良渚

红山文化还没有孕育出现的时候，长江流域的先民们也已经开始使用玉器了。长江中游的彭头山文化遗址出土了距今七千八百年以上的玉管、玉珠。长江下游的跨湖桥遗址出土了距今近八千年的玉璜形饰。

太湖地区水系发达，气候宜人，七千年前，有些先民就已经在这里居住了，并创造了繁荣的河姆渡文化，他们已经可以大规模种植水稻，过上了农耕的生活，并开始磨制玉器。从河姆渡文化到马家浜文化，再到崧泽文化，长江下游的先民不断传承和进步，等到良渚文化时期，他们已经高度发达。在此之前这些地区出土的玉器还稍显简单，直到良渚文化时期，良渚人创造了足以震惊世界的玉器使用系统。

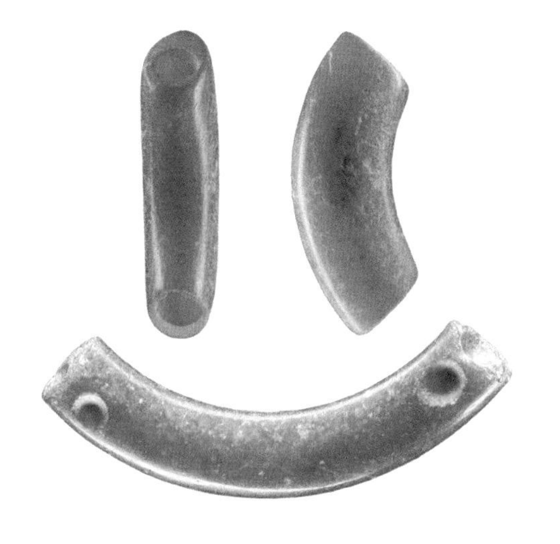

跨湖桥文化璜形饰

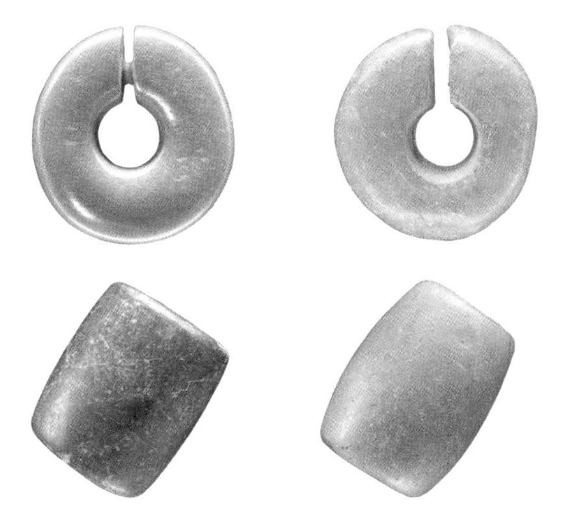

河姆渡文化玦形饰、管形饰

良渚文化距今约 5300~4200 年，因首先发现于浙江杭州附近的良渚镇而命名，范围覆盖钱塘江流域和太湖流域。良渚文化的先民已熟练掌握了水稻的种植技术，开始了定居的生活。种植开始之后，人们的温饱更加依赖风调雨顺的气候，因此祭天活动就更加受到重视，这应该也是良渚文化玉器流行的一个原因。良渚文化出土物以玉器为主要特色，可以说是一个以玉文化为主导的社会文化形态。

良渚文化晚期已经接近史书上记载的夏代前期，几乎已经步入文明社会，而良渚古城遗址的发现，也客观上佐证了良渚文化的先进性。有城池，可能就有了早期国家，因此有学者大胆想象，良渚文化末期已经建立了国家，国家的君主就是传说中的三皇—天皇、地皇、人皇。

良渚文化三叉形器（正背面）

良渚文化玉璧

良渚文化遗址出土的玉器，品类齐备，数量丰富而系统，最具代表性的玉器是玉琮和玉璧。在《周礼》当中分别把玉璧和玉琮作为祭天和祭地的器物，但远在良渚文化时期，琮和璧是否分别用来祭祀天和地，我们就不得而知了。可以确信的是，这出土的成千上万的琮和璧，一定是在良渚文化的社会生活中承担着举足轻重的作用。

玉璧出现相当早，在东北地区的红山文化中已经有其雏形，而良渚文化的玉璧已经琢制得非常规整和齐全，规格也更高。目之所及，古代先民认为天是圆的，玉璧就是象天之形的产物，也是可以确定的祭天之器。

良渚文化刻神人兽面纹玉琮

玉琮是良渚文化的独创，它是一种内圆外方的筒形器物，也有少量内外皆圆形，有人据此认为它是早期天圆地方盖天说的模型。玉琮根据雕刻的纹饰可分为单节和多节，最多的有十九节，高达 49.2 厘米。琮身雕刻的纹饰从一个竖棱看过去如同人面或兽面，这种纹饰可见于良渚文化的多种器型之上，可能是良渚人想象的神灵形象或者是部落最高权力者的形象。

有趣的是，在一件出土的玉钺表面和一件玉琮侧面，分别雕刻了同样一幅神人骑兽的纹饰，它比普通玉琮上雕刻的人面纹更加具象，线条之细密，即使现代玉工也很难复制。这种形象在良渚器物上仅见两次，可以想见是何等的地位与权力才可拥有这两

良渚文化神人兽面纹

件玉器。玉钺由玉斧演化而来，不止在中国，在世界其他民族的早期文化中，都是至高无上的军权和王权的象征。良渚文化大量的玉琮、玉璧、玉钺表明，良渚晚期社会已经有很成熟的祭祀系统，并且有了很成熟的权力体系，已经开始了神权向王权的过渡。

良渚文化还有三叉形器、冠状器、锥形器、鸟形器等器物，它们通通与现实的生活无关，脱离实用用途，成为一种神圣的灵物，应该是祭祀、礼仪用玉，或身份地位的象征。这些形形色色的玉器昭示着，良渚人的社会一定是一个祭祀文化发达、礼仪显著、等级分明的社会，甚至已经在玉器的指引下，走向了最初的国家形态。

良渚文化刻神人兽面纹玉钺

良渚文化玉器也多是就地取材，可能采自太湖附近的宜溧山、天目山和宁镇山一带。也可能是古代典籍中记载的“琨瑶”的一种。琨瑶的结构比较松散，利于雕刻，却不利于保存，因此良渚文化遗址出土的玉器多呈鸡骨白的氧化之色。良渚人的琢玉技术已经达到很高的水平，应该已经使用了原始的砣机，其中的线刻技术可谓妙到毫巅，让后人也叹为观止。

时光淹没了良渚人的房屋、工具、身躯，却淹没不了那一方方坚硬的玉石。它们深埋地下，跨越数千年，仍在诉说良渚人为繁衍生息和文明到来所做的每一分努力。

从大溪到凌家滩

长江中游西段的大溪文化，比良渚文化要稍早一些，距今约6400~5300年，位于重庆到湖北西部的长江沿岸。当地的先民已经开始磨制玉器，有玉璜、玉璧、玉环、玉玦等，都是扁平状，出土于人的头骨两侧，应该主要用于身体的装饰。但是，大溪文化玉器的影响却是广泛的，他们既同北边汉江流域的居民有交流，也同长江下游的居民发生着联系。大溪文化玉器的一些器型，是长江下游薛家岗文化和良渚文化玉器的创造来源。

薛家岗文化位于长江下游西段的湖北东部与安徽西部，距今5500~4800年左右。薛家岗先民看到周围的部落都在使用玉器，他们也跟着效仿，因此玉器的形制和工艺几乎没有值得称道的地方，只是能看到一些玉石崇拜的影子。他们的邻居，凌家滩的先民就高明得多了，创造出了一个让人匪夷所思的玉文化传奇。凌

大溪文化玉环

薛家岗文化玉钺

家濉文化位于薛家岗文化的东边，距今5500~5300年左右，是江淮地区新石器时代玉文化的重要遗存。从当地先民的随葬品中可以看出，他们非常喜欢和崇拜玉器。凌家滩文化玉器就近取材，同良渚文化玉器的原料有相似性，种类丰富，数量众多，造型和工艺都出人意表，仿佛从天而降。

凌家滩的玉龙已经非常接近商周玉龙的形象，玉璜、玉虎、玉璧、玉玦是形成祭祀和礼仪用玉系统的基础器型，在凌家滩也都已经出现。玉钺、玉戈完全是象征性器物，代表至高无上的权力，其中玉戈比中原地区的龙山文化玉戈要早一千年左右，玉钺也比良渚出现更早。将凌家滩独特的玉人、玉钺、玉戈联系起来猜想，也许当地先民已经开始组建军队、发动战争，也出现了把握军权的上层统治者。

凌家滩最具有神秘感的玉器就是雕刻纹饰的玉鹰、玉版了。玉鹰的两只翅膀，更像两头猪的侧面形象，玉鹰中心雕刻圆形连山纹，神秘莫测。龟形玉版，由一块玉乌龟形壳和体内的图纹玉版组成。玉龟壳形器上钻有空洞若干，壳面光素无纹；图纹玉版中心是一个同玉鹰上纹饰一样的圆形连山纹，往外是一圈八个圭形纹，再往外是四个圭形纹，它很像《周礼》中所记载的“四圭有邸”，这样规整复杂的几何纹案，绝不是普通的装饰那么简单。

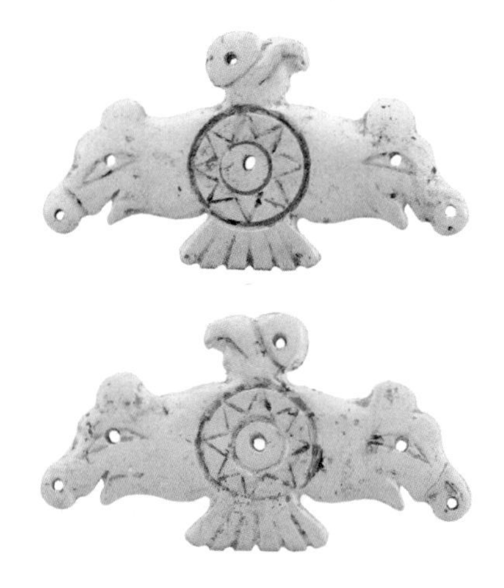

凌家滩文化玉鹰（正背面）

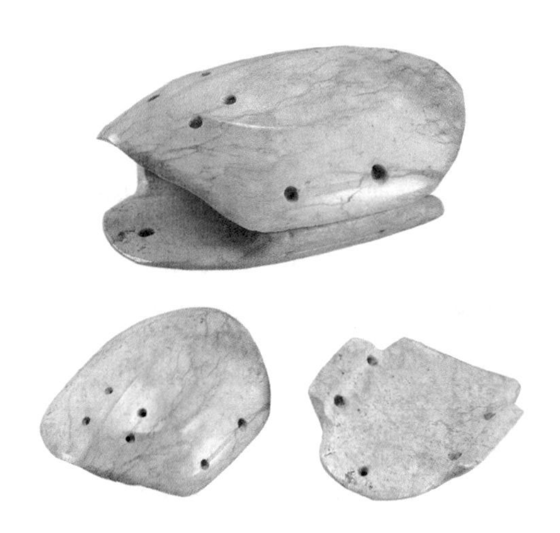

凌家滩文化玉龟（下半部分为分开展示）

凌家滩文化图纹玉版

而图纹玉版边缘，钻有若干小孔，也不像捆绑所用，其形象很容易让人联想到中国早期神秘文化中的“河图洛书”。古籍中载有，早期用于占卜的易经，分为三种，夏为连山、商为归藏、周为周易，连山和归藏早已失传。而玉鹰和图纹玉版上雕刻的纹饰，正是连绵的山形纹饰，这其中是否有某种内在的联系呢？考虑到此地区崛起时间和社会发展程度，有学者已经开始大胆想象凌家滩文化是伏羲氏创造先天八卦这个传说的史实原型了。

无论真相如何，凌家滩的玉器都表明，当时的先民已经建立了高度发达的社会文化，他们有宗教观念，有礼仪规范，有等级划分，更有传承不灭的玉石崇拜。

长江最大的支流汉江，水草丰沛，鸟兽众多，是楚文化的发祥地。5500~4600 年前，大溪文化的先民有一部分迁居到汉江流域的屈家岭附近，与当地的原始居民融合。他们创造了高水平的农耕社会，可以建造多间式的房屋，可以制造彩陶，也可以磨制精美的玉器，他们创造的文化被称为屈家岭文化。

远古先民每一次的交流和融合，总能带来灵感的爆发和技术的革新。屈家岭先民的进步是显而易见的，早期他们只是使用玉璜、玉环、玉坠等简单玉器，后期开发出玉管、玉斧、玉钺、玉璇玑等器。玉钺是权力的象征，玉璇玑又称玉多齿形璧、玉牙璧，是古代用于天文观测的器物。玉钺和玉璇玑的使用，往往意味着

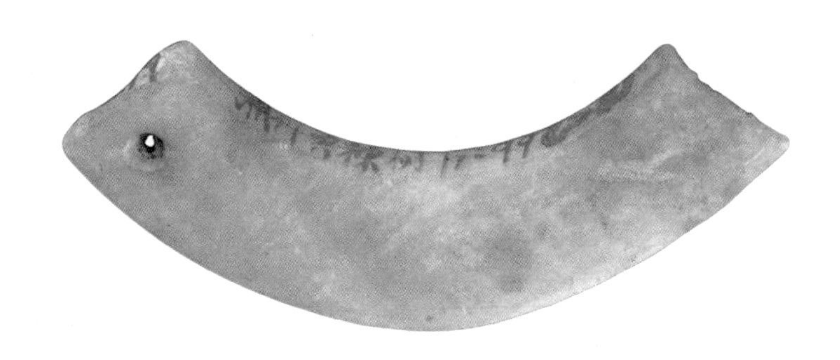

屈家岭文化玉璜

社会等级分化、社会规范建立、科学文化诞生。

屈家岭文化晚期，也已经到了传说中的三皇五帝时期。他们生活的地点，相当于古人眼中的苗族地区，那他们会不会就是传说中“禹征三苗”的“三苗”祖先呢？继承屈家岭文化的石家河文化，也将玉器的地位和使用进一步升华，并同中原地区文化更进一步地交流，而对应的时间也已经到了夏商时期了。

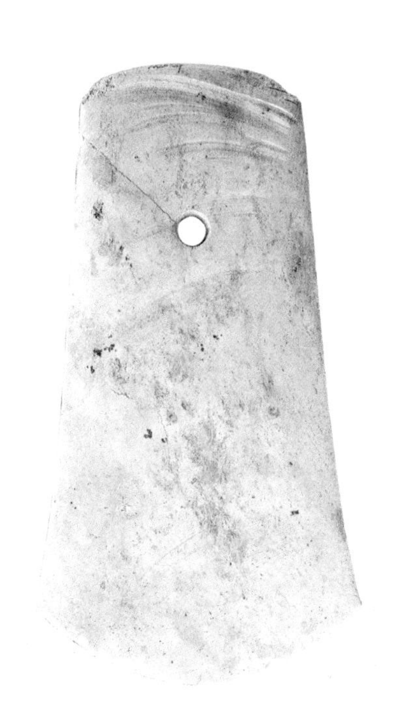

凌家滩文化玉钺

从仰韶到大汶口

与辽河流域和长江流域一样，黄河流域的先民们开始用玉的时间也很早。黄河下游，在后李文化的前埠下遗址出土了距今8000年的玉凿；黄河中游，在仰韶文化的北首岭遗址、龙岗寺遗址、姜寨遗址陆续出土了距今约7000~6000年的玉器。

仰韶文化分布于黄河中游的广袤土地，距今7000~5000年，

后李文化玉凿

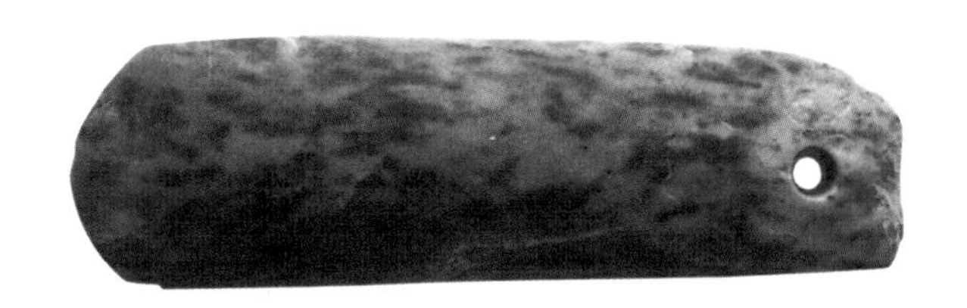

仰韶文化玉铲

因为历时长、地域广，又有半坡文化、庙底沟文化等类型。仰韶文化最流行的并不是玉器，而是绘制上各种几何形、动物形纹案的彩陶，因而又被称为彩陶文化。仰韶文化以彩陶为特征向外辐射，在西部的甘肃地区形成了新的文化类型马家窑文化。仰韶文化的先民专注于制作各种彩绘陶器，似乎对玉器并没有很大的兴趣。从出土物中可以看到，他们制作的玉器多为玉锛、玉斧、玉铲、玉凿、玉坠、玉球以及绿松石饰品等，更多是生产工具的延续和生活装饰用品，不过已经反映出由功能性、实用性向礼仪性、神秘性转化的态势了。

仰韶文化晚期的庙底沟二期文化，是向龙山文化过渡的类型，玉器的制作和使用已经很普遍。玉琮、玉璧、玉刀、玉璇玑等都已经出现，表明仰韶文化晚期的先民已经试图建立一种社会政治规范了。

与仰韶文化同期的黄河下游活跃的是另外一种文化聚落，考

庙底沟二期文化玉琮

大汶口文化玉璧

古学上称为大汶口文化。相比于仰韶文化，大汶口文化的先民对玉石的使用就重视得多了。

大汶口文化距今约 6000~4300 年，在山东地区的黄河岸边，他们会种植小麦，懂得饲养猪、狗、牛、鸡，建造的房屋可以六间联排，甚至在陶器上刻画简洁得像文字的符号，这可以看作最早的文字雏形了。因为农耕的发达，妇女在社会中的地位已经下降。同时该文化已出现贫富分化现象，人们重新以父系为纲建立了新型的社会模式，大汶口的先民离文明已经咫尺之遥，正在快步向阶级社会迈进。

大汶口文化的玉器以简单的几何造型为主，用料也是在山东地区就地取材，常见有玉铲、玉璧、玉钺、璇玑、玉镯、玉环、指环、玉珠、玉佩、玉坠等。其中玉镯、玉环、指环、玉珠、玉佩、玉坠都是用于身体装饰。而玉铲、玉璧、玉钺、璇玑多少都有些礼仪和祭祀的意味了。大汶口文化晚期出土的玉璧、玉瑗等器光彩斑斓，造型规整，与长江下游的良渚文化玉器有异曲同工之妙，说明两地居民之间是有着密切的交流的，而对玉石的崇拜也是两种文化能够相互融合和促进的基础。新石器时代晚期，各地域之间的这种交流和融合越来越剧烈，满天星斗的古中国聚落背后，一种统一性的新的文明形态正在孕育。

接续仰韶文化和大汶口文化的正是席卷黄河流域的龙山文化。龙山文化以疯狂的玉石崇拜为基础，形成了早期强大的政治和军事集团，并积极向四周辐射扩张，成为华夏民族的前身，它所对应的时间正是传说中的炎黄到夏代。

从神权到王权

经历漫长的玉石并用、玉石不分之后，在旧石器时代晚期，先民们终于将玉从石头中分离出来，用玉制作饰品来美化生活。从最早的小南山遗址出土玉器算起，中国人用玉的历史已经确确实实超过九千年了，而新的考古发现也在不断刷新着中国人用玉历史的记录，现在说“近万年玉文化”一点也不过分。

从东北的兴隆洼文化到广东的石峡文化，从台湾的卑南文化到青海的马家窑文化，先民使用玉器的习惯，从最北的黑龙江流域一直跨越到最南的珠江流域，从东部的台湾岛一直跨越到西部的青海湖。显然早期人类使用玉器的范围远超我们想象，但玉器的使用更像是各地先民自发性的行为。

在新石器时代中期，先民们已经相信玉具有神秘的力量。部

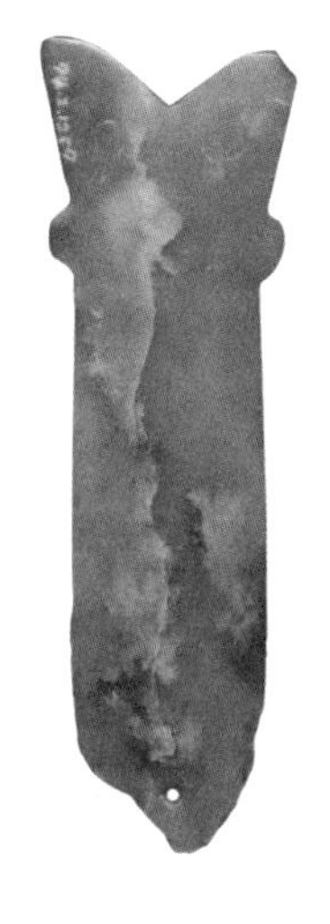

红山文化丫形器

落中掌祭祀大权的人，多用珍贵的美玉制作“祭器”，礼拜神祇祖先。他们相信天圆地方，便琢制圆璧与方琮，来礼拜天神与地祇；他们相信氏族远祖的生命，是经由神物源自上帝，便在玉器上雕饰想象中神祇祖先的形貌，甚至刻绘极具深义的符号，用复杂的仪式祭拜。希望借由玉器特有的质地、造型、花纹与符号，产生感应的法力，与神祇祖先沟通，汲取他们的智慧，获得福庇。这段把玉器当作人神、人天沟通媒介的时期，历史上通常称为巫玉时代。

在新石器时代晚期，部落的权力越来越集中，阶层逐渐分化，私有制出现，父系氏族公社也宣告崩塌。富有的阶层，把祭祀的

良渚文化鸟形饰

权力牢牢掌握在手中，并将自身的政治、军事权力与祭祀的权力绑定在一起，玉成为权力的象征。他们用玉雕琢斧、钺、戈、刀等兵器，同璧、琮、圭等一起，构成权力、礼仪用玉体系，玉的神权属性也慢慢地向王权属性过渡了，早期的国家政权也逐渐建立，新的文明形态宣告到来。

纵观整个巫玉时代，我们的祖先在漫漫长夜中艰难又坚定地跋涉。红山人、大汶口人、凌家滩人、屈家岭人、良渚人…… 一个部落又一个部落，一程艰辛又一程艰辛，他们各自独行，又互相融合渗透，从原始氏族崛起走到衰落，又从母系社会走到父权社会。黎明前的黑暗中，他们用玉石作为信仰，摸索出一套独特的生存之道，焕发出奇异光彩，抒写华夏传奇，共同迎来人类文明之光。

新石器时代玉器主要有生产工具、装饰品和礼仪器三大类，成为中国历代玉器品类的基本框范。从打磨石器到熟练治玉，从发现玉石到崇拜玉石，人类如珠，玉器如链，共同串连起了一部悠久的中华文明史。

这一路走来，玉器包含了祭祀文化、宗教文化、哲学文化、道德文化、政治文化、军事文化、礼仪文化、审美文化……再也没有一类物器，如玉一样，延续与传承着古老中国的文化脉络，一路悠悠而来，醇厚又丰富，高贵又亲和。

在青铜时代到来之前，玉是人们社会生活和思想文化中，用以表达精神和情绪的唯一的绝对主角，到商代为止延续了几千年之久。所以，有学者也认为，石器时代和青铜时代中间，应该有个玉器时代。

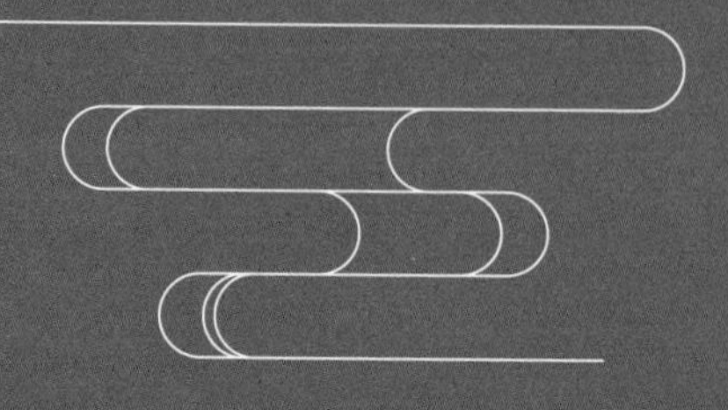

第二章

以玉为符

三皇五帝的交接

“

“玉兵”也渐渐成为军权的象征，慢慢发展成调动军队的信物——“虎符”。黄帝之族用“玉兵”武装自己，建立了先进的军队管理制度，因此能够无往而不胜，成为天下方国的共主。

传说时代，以玉为符

中国商代以前的历史，因为没有文字的出现，所有的信息都是依靠口口相传，其中大部分是关于古代圣贤筚路蓝缕的神话传说，所以这段历史又被称为传说时代。

传说时代可追溯的最早时间距今约六千年，根据后来文字的记载，盘古之后，约六千年前的时候发生了大洪水和女娲补天的故事。接着三皇五帝依次登场，最后的大禹建立了中国第一个王朝——夏朝。传说时代没有确切的文字，口口相传难免谬误，因此每个故事总有多个版本。从这纷繁混乱又看似矛盾的记录中，却隐含着一段精彩纷呈、荡气回肠的上古历史。

传说时代的神话故事中，除了人之外，提到最多的就是玉器。人物关系或有错乱，但他们崇玉、敬玉、用玉的情结却是毋庸置

伏羲

疑的，这还要从新石器时代晚期的社会发展状况说起。当时农业生产已经很发达，财富观念出现，部落之间和部落之中逐渐产生阶层分化。管理祭祀事务的神职人员和部落首领们处于较高阶层，他们为了获取便利的饮食和财富机会，将人人都可享有的祭祀权力据为己有，并同管理部落日常事务的世俗权力结合在一起，宣扬世俗权力也来自神灵的旨意。他们建立早期的国家模型，成为最早的君主，用神权巩固自己的王权，用王权进一步贯彻神权。原本用来彰显神权的玉，也被顺理成章地用来标示王权。玉，成为最早的王权瑞信。

遍地城邦方国的华夏大地开始了相互渗透和攻伐，三皇五帝应该就是从部落首领蜕化而来，在兼并战争中获得胜利的早期君主。而所谓的“三皇”具体指哪三位先贤已经不好断定，但在流传的众多版本之中，几乎都把伏羲算在其中。伏羲氏在汉代被尊为中国的人文始祖，而在当时可能只是南方比较强大的方国君主。他拥有超越时代的认知能力，用玉质圭表记录太阳的影子，丈量距离，探索气候规律，创造了最早的文化知识体系。他还用圭表画出图形，演绎出先天八卦来占卜吉凶，我们从“卦”这个字的字形就可以看出端倪，即用“圭”来进行占“卜”。伏羲氏的神迹征服了很多尚处蒙昧阶段的人，因此他也被当成神灵来崇拜。而他草创文化所使用的玉圭，也就成了反映天地信息的符号，被当作重要的礼器代代流传，一直受到人们的尊崇。

三皇之后的“五帝”一般指黄帝、颛顼、帝喾、尧、舜，他们活跃在5000~4000年前左右。黄帝本是黄河中游地区的部落首领（早期君主），他同中原的炎帝族通过战争融合在一起，并击败了盘踞在山东地区的蚩尤族，最终形成早期的华夏族，因此我们中华民族也被称为炎黄子孙。

黄帝一族能够有如此惊人的战斗力，同他们强烈的玉石崇拜也是分不开的。传说黄帝考订纪年，编写书契，统一音律，统一度量衡，建立了早期的礼仪制度。黄帝在昆仑之丘设立祭坛举行献璧的祭天之礼，在黄河岸边举行沉璧的祭河之礼，坚定了部落

黄帝

的信仰。每当部落会议之时，先在兰蒲之上陈列圭玉，焚香熏染，用玉版来记录重大事件，用玉律来厘定音乐规范，整个社会尊卑有度、往来有礼，成为一台高效运转的机器。

《越绝书》里记载，轩辕、神农、赫胥统治的时候，以石为兵；到黄帝统治的时候，以玉为兵。用玉雕成的兵器，并没有太大的实用功能，更多可能只是象征性的礼器，用来彰显统治者的权力。而“玉兵”也渐渐成为军权的象征，慢慢发展成调动军队的信物——“虎符”。黄帝之族用“玉兵”武装自己，建立了先进的军队管理制度，因此能够无往而不胜，成为天下方国的共主。

龙山文化玉牙璋

对于与黄帝同时的炎帝也曾记载过玉石异象，说是“有石磷之玉，号曰夜明，以阇投水，浮而不灭”。从今人看，就是具有强磷光的矿石，在失去原来的光源以后，仍然会在一段时间内继续发出光亮。古人认为这是炎帝的圣德显现，神灵也为炎帝的圣德所感动，所以用玉石发光来表彰。

黄帝的后代颛顼统治的时候，对天地间的秩序进行一次大整顿。他命自己的孙子“重”两手托天，奋力上举；令自己的孙子“黎”两手按地，尽力下压。于是，天地之间的距离越来越大，以至于除了昆仑天梯，天地间的通道都被隔断。颛顼还命“重”和“黎”分别掌管天上神仙事务和地上臣民事务，从此平民再也没有机会直接沟通天地了，只能让统治者用玉来沟通，史称“绝地天通”。这是从制度上剥夺了人们的祭祀权利，从而为家天下的到来彻底铺平了道路。

等到尧统治天下的时候，继承了之前的用玉祭祀制度。《拾遗记》里面说，尧的德行光耀天下，他视察河洛之滨的时候，得到了“玉版方尺”，上面绘制着天象和地形，还得到了“金璧之瑞”，上面刻画了文字符号。这其实都是在用玉强化自己的统治权力。把玉作为统治权力象征的观念在尧的时代得到进一步深化。《尚书》记载，尧禅让于舜的时候，“舜让于德，弗嗣。正月上日，受终于文祖。在璇玑玉衡，以齐七政。肆类于上帝，禋于六宗，望于山川，遍于群神。辑五瑞。既月乃日，觐四岳群牧，班瑞于群后。”五瑞是琮、圭、璋、璜、琥等五种用玉制成的礼器，代表着统治天下的信物。七政指的是日月和五星，代表天象。璇玑和玉衡是用玉做成的观天仪器。拥有了璇玑和玉衡，也就代表

龙山文化玉璇玑

陶寺遗址玉钺

着有了解释天象的权力，可以证明自己统治地位的合法性了。

《竹书纪年》里记载，舜在位九年的时候，西王母前来拜见，献上了白玉环和白玉珏。《尚书大传》里也记载，“舜之时，西王母来献白玉管。”我们都知道舜在位时候，创作了《大韶》之乐，成为后来雅乐的典范，或许就是用西王母献的玉管来创作的吧。

舜之后，天下方国的征战也接近尾声，一切迹象表明，古老的文明正向着历史上第一个家天下的王朝在行进着。

记载之外，废墟之中

三皇五帝时代，玉的属性渐渐由神权向王权转化，成为神权与王权统一的政教合一的符号。这些事件被记录于早期的各种书籍上，由于当时的人们认识水平有限，口口相传让每一位早期帝王都呈现出半神半人的形象，以致于后人很难去笃定地相信这些记载。好在近些年考古学的成果，很大程度上印证了这些记载的真实性。

凌家滩文化出土的玉器就好像是为伏羲氏的记载量身定做一般，那神秘的连山纹、八圭形纹，仿佛就是八卦文化的再现。良渚文化后期用玉石搭建的严密统治系统，已经足够支撑一个早期国家的出现，它的时间也可以对应到三皇时期。长江中游的屈家岭——石家河文化活跃之时，也是史书记载三苗登上历史舞台之时。山东的大汶口文化也默默诠释着东夷部落兴起的始末。他们无疑都是有着高度玉石崇拜的文化形态，恰好同三皇时期互相印证。

约四千三百年前，五帝的时代开始了。整个黄河流域被龙山文化所统治，龙山文化的先民近乎疯狂地使用玉器。不但玉璧、玉琮、玉圭、玉璜、玉璋这些常用礼器均有出土，连玉戈、玉刀、玉斧、玉钺等玉兵器也一样不少，更有传说中的玉璇玑（玉牙璧）等观天仪器。

龙山文化的玉刀，均长有50厘米，往往还会开刃。刀背处钻孔，可以捆绑在木柄上。尺寸巨大，造型庄严，隐隐有肃杀之气，是统治者权力的有力保障。

玉牙璋，均长也超过50厘米，头部开刃，柄部雕琢锯齿形扉牙，如同兽牙一般具有震慑力，既是作为祭祀礼器使用，也是作为调用军队的信物。

玉圭，一般是平头开刃，也有的是梯形头，尾部钻孔供固定，玉圭上常常刻有一道道弦纹，正是应了圭表、圭尺之说。

玉璇玑，现亦称为玉牙璧，圆璧形的外边一般有三至四个顺时针旋转的宽齿，普遍认为它就是书上记载的观天之器玉璇玑，应该会配合其他仪器一同使用。

龙山文化墨玉刀

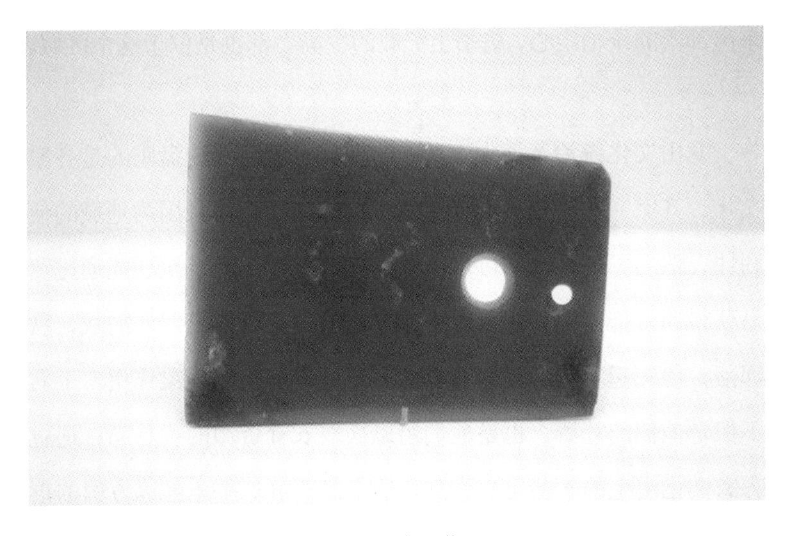

龙山文化玉钺

龙山文化的玉兵器一般造型规整，尺寸巨大，大多数还有使用痕迹，可以想见当时的统治者用它们召集军队、往来调度、征伐杀戮时那热血沸腾、威风凛凛的场面。

龙山文化的陶寺遗址，在黄河之东的山西襄汾，往往被学者解读为尧和舜的统治中枢平阳。陶寺遗址建有城池，并出土大量高规格的祭祀性、礼仪性玉器，其中包含一些和田玉。这说明陶寺遗址是当时区域性的政治中心，有严密的统治网络，并且有外交功能，完全是作为都城而存在的。

龙山文化的两城镇遗址和尧王城遗址均位于山东省日照市，发掘出面积巨大的龙山文化遗存，也有象征权力的玉器出土，是东夷部落的统治中心，史书上记载的少昊之都也是位于这个区域。

龙山文化统治黄河中下游的时期，在黄河上游盘踞的是齐家文化。齐家文化的先民同样重视玉器的使用，而且因为地域的便利性，他们不但很轻易可以获取当地的祁连玉，甚至还能通过贸易获得西方部落的和田玉。齐家文化的先民可能是西北的戎、狄部落，他们起着沟通中原华夏部落与西方部落的桥梁作用。玉器不但是他们的礼器，也是他们用以换取衣食资源的贸易品。通过齐家文化出土的玉器可以看到，这个部落群似乎已经以方国的形式存在，并迈进文明社会。

龙山文化玉圭

在龙山文化繁荣的时候，四川盆地也相对独立地发展出宝墩文化，它成为三星堆文化的先驱。汉江流域则是屈家岭文化和石家河文化的延续繁荣，并最终衍变成楚文化。长江下游一度领先全国的良渚文化则突然衰败，似乎是气候的影响所致。据考证，良渚文化末期，太湖地区降水量激增，非常容易形成大型水患和地质灾害，巧合的是，这也是古代神话传说中大洪水发生的年代。

在大约四千三百年前，中华大地上兴起了建造城池的浪潮，形成“天下方国”的壮观局面。众多的方国拥有一个共同的特点，就是对玉石的崇拜与利用。他们用玉祭祀、用玉掌权、用玉贸易、用玉征伐，裂变、融合、碰撞，为玉器时代写上了最为浓墨重彩的一笔，也为文明社会的到来做好了政治和文化的奠基。

龙山文化晚期，三皇五帝的统治结束，一个开创性的传奇人物出现了，他就是治水英雄——禹。

玄圭赐禹，开启王朝

传说尧在位的时候，天下发生大洪水，苍穹之下没有乐土。尧命鲧治水，鲧用堵塞之法，九年未成，被继位的舜诛杀。舜启用了鲧的儿子禹继续治水，初始之时，禹劳神焦思，事必躬亲，累得皮包骨头，腿无汗毛，但是洪水依然泛滥。终于在龙门的山洞之中，禹得伏羲授予玉简，长一尺二寸，象征十二时，用它可以丈量天地山川。禹凭借玉简顺利疏通了水土，完成不世之功。为了表彰禹的功绩，舜将象征权力的玄圭赐给了禹，暗示禹将是自己的接班人。

大禹治水的功德和女娲补天一样，相当于世界再造，因此他也被人们当成救世主一样尊崇，越来越神化，到汉代时，被幻化成白帝精的化身。而他在世的时候，人们对他的崇敬也不遑多让，以致于舜去世后，禹把帝位让给舜的儿子商均时，天下诸侯只来

大禹

朝拜禹，而不去朝拜商均。禹的功德也直接导致了他的儿子启继承了帝位，从而“禅让制”变成了“世袭制”，史书上记载的中国第一个王朝夏朝诞生。

作为中华民族历史上的丰碑性人物，大禹的功绩不止于治水，还有降服周围部落、厘定九州等。这一系列操作，是中华民族形成多民族统一国家的文化格局与地理格局的起点，具有深远的政治和文化意义。

关于夏朝是否存在，国际学术界尚有争论，不过青铜器、城池宫殿、军事组织这几个文明的要素都已经存在，独缺出土文字证据而已。与史载夏朝同期的玉器使用情况也表明，在类似于夏代的活动区域，确实存在一个生产力发达、制度健全的国家机器。

主流观点认为，夏可以分为两个阶段，第一阶段相当于龙山文化晚期，第二阶段相当于二里头文化早期。龙山文化晚期的山西襄汾陶寺遗址、河南登封王城岗遗址、河南新密新砦遗址都有可能是夏代早期的都城所在地。以二里头文化遗址为都城的时候，夏代则进入了全盛时期。

我们可以看看对应史载夏代时期的玉器，感受一下中国第一个王朝散发的王权魅力。

陶寺遗址玉琮

陶寺遗址玉璧

玉琮，可以看出良渚文化对中原地区文化的影响，它是国家祭祀中必不可少的礼器。陶寺晚期的玉琮简洁而规整，透露出从神权中解放出来并向森严的王权礼仪性过渡的痕迹。

玉圭，也是夏文化时期常见玉器，从伏羲氏用圭表演八卦开始，玉圭就成为高贵的礼器，持续在各地使用，从未间断。它既是祭祀的器具，又是权力的象征。二里头文化的玉圭，以平头为主，往往带有弦纹，暗示着这个国家极度重视礼仪规范和宗庙祭祀。

玉戈、玉刀、玉牙璋，都是兵器类礼仪用玉，也是夏文化时期出土最多的玉器种类。夏代的玉兵器雕琢手法朴素，相比龙山

二里头文化玉璋

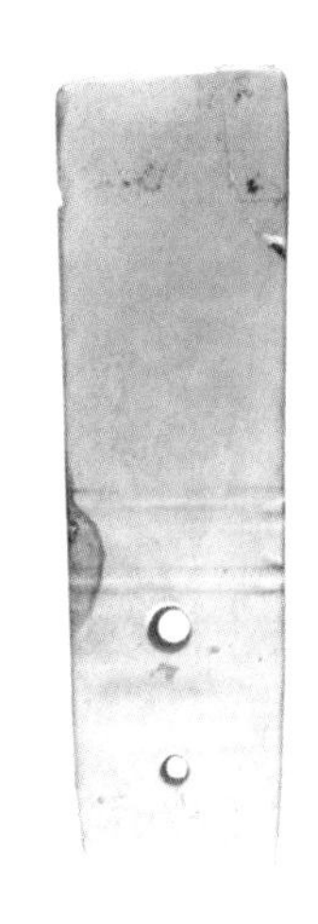

二里头文化玉圭

文化时期形制更加庞大和厚重，透露出浓浓的杀伐之气，它们是军事图腾和信物，是强大的暴力机构的象征。

出土于二里头遗址三期墓葬的两件大玉戈，是迄今为止年代最早的长条形援直内无胡玉戈。它们甚至具有一定的实用性，也是同时期青铜戈的制作原型。“戈”这种兵器在中国的军事史上具有深远的意义，它甚至成为汉字的偏旁，国家的“国”繁体（國）中就包含着“戈”字，寓意用武器保卫城池，这也就难怪认定一个早期国家的存在时，一定要看是否组建了军队了。

人类最早使用的武器主要是斧、钺、刀、矛等，龙山文化晚

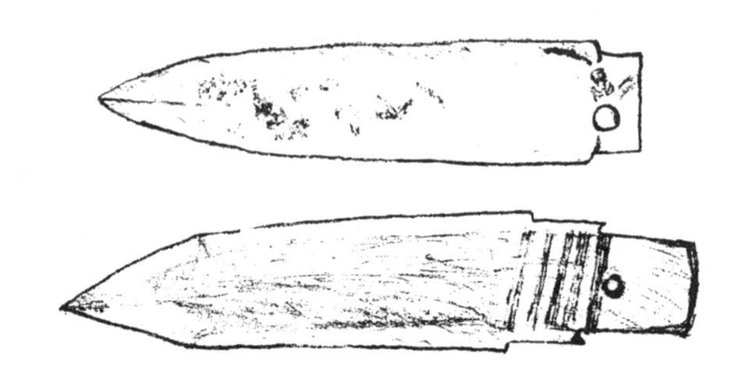

二里头文化玉戈示意图

期到夏代出现了大量的玉戈，也客观上反映出当时的作战方式。战国之前的战争中，作战双方习惯采用车战方式，与近身肉搏相比，车战时敌我双方距离较远，用斧、矛等武器不能保证连续攻击，而绑在长柄上的戈，可以在两车交叉之际，进行啄击和勾杀，杀伤性更大，从而成为主流的兵器。

绿松石巨龙形饰，出土于二里头遗址宫殿区的一座大墓，长约 70 厘米，由两千多块各种形状的绿松石碎片组合而成。原物应该是镶嵌或者粘连在有机物的木器或者皮毛之上。它的命名同红山 C 形龙一样，人们看到的第一眼就直接喊出来，龙！中国人太熟悉龙了，也太热爱龙了。这头、这脚、这鳞，不是龙又是什么？虽然夏代的人可能还不会把它叫作龙，但它无疑是后来龙的形象的源起之一。而且，至少在夏代人的眼中，它也必然是具有神秘力量的动物。镶嵌着它的器物，也必是尊贵之器、礼仪之器、

二里头文化绿松石龙形器示意图

权力之器。

《史记 · 夏本纪》中记载，夏代的奠基之君禹曾征讨三苗，初始君主启继位时就曾同有扈氏作战，第二代君主太康曾经失国，整个夏王朝一直在斗争中存活。而出土的夏文化时期大量的“兵杖”玉器也侧面印证了史书的记载。夏王朝是经过血雨腥风的长期战争，才成为中国第一个王朝，而建国之后也在不停地经历战火洗礼。这些玉器所反映的绝不是安定与和平，而是镇压与征服，是促使王权强化的勇敢与艰辛。

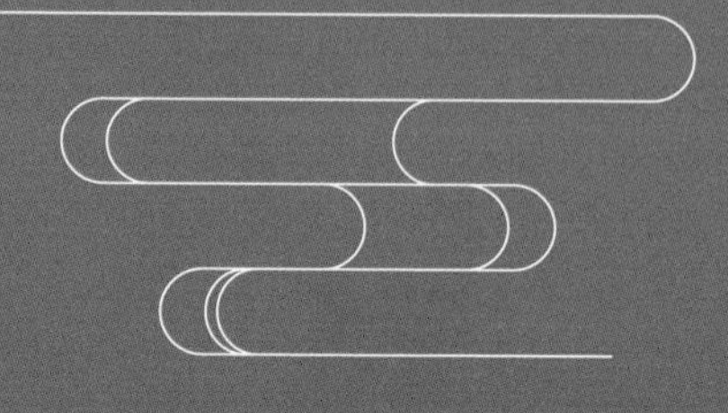

征玉之战

商王的权力

“

通过战争，武丁和妇好打通了去往新疆取玉的路线，或者直接从鬼方部落手中夺取了大量和田玉石，这才能在妇好去世时，用数量庞大的和田玉器陪葬。

天命玄鸟，降而生商

夏代晚期，位于东边的方国商国逐渐强大起来。商的首领汤看到夏的君主桀暴虐无道，于是起兵讨伐，通过十几次战争，推翻了夏桀的统治，建立了中国历史上第二个王朝——商。

《诗 · 商颂》中有一篇《玄鸟》说道：“天命玄鸟，降而生商。”《文选 · 沈约 · 齐故安陆昭王碑文》也写道：“天命玄鸟，降而生商。是开金运，祚始玉筐。”这简单的语句中隐含着商代起源的传说。

三皇五帝之一的帝喾又叫高辛氏，他有一个妃子叫简狄。简狄在春分玄鸟飞来的日子跟着帝喾去郊外祭祀求子，和她的妹妹在玄丘的池塘里沐浴。突然有一群玄鸟衔着卵飞过，鸟卵掉下来，呈现出五彩之色。简狄姐妹争相拾取，用玉筐装起来。简狄忍不住率先吃了鸟卵，接着就怀孕了，最终通过剖胸的方式产下一子，名字叫契。契长大之后在帝尧那里当司徒，后来跟随大禹治水立功，被舜封在商地，契也就是商的祖先。

“天命玄鸟，降而生商”的传说给商文化的起源蒙上了一层神秘色彩，经过上天的认证，商国也走上了好运，最终取代了夏。这则起源故事中，同样也有玉器的影子，即简狄盛放鸟卵的玉筐。这还不是结束，在商的英明之主成汤准备伐夏时，曾一度陷入纠结，于是他东行到洛水，瞻仰帝尧的祭坛，以求增强信心，结果看到“沉璧退立，黄鱼双踊。黑鸟随之止于坛，化为黑玉。又有黑龟，并赤文成字，言夏桀无道，成汤遂当代之”。黑鸟即玄鸟，玄鸟和乌龟共同呈现祥瑞之象，预示着伐夏之战可以成功。这里

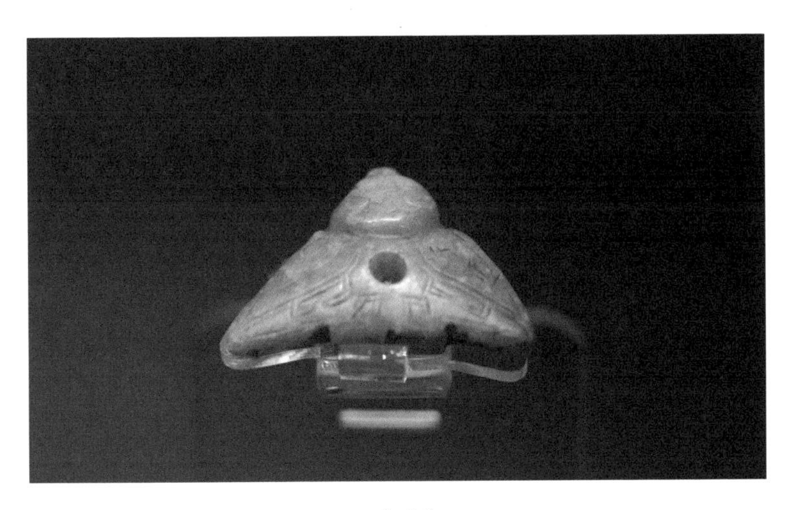

玉燕形饰

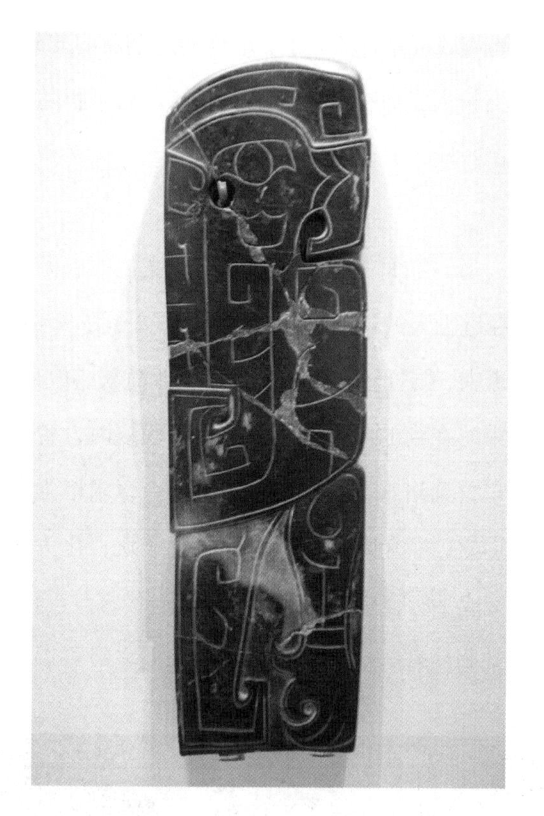

鸟纹石磬

同样也有玉的参与。

从这两个故事里我们可以得出这样的信息：玄鸟、乌龟和玉应该是商人精神生活中最为重要的几个元素。

实际上，所有的传说都有史实的素地。商是起自东方的国家，东方正是东夷部落生活的地方，商文化带有明显的东夷文化特征。东夷文化一直都有神鸟崇拜的传统，大汶口文化时期就曾有带神鸟图案的陶器和玉器出现。东夷部落特别迷信鬼神之说，崇尚祭祀和占卜，这些文化习俗无一例外地都被商文化继承下来。

商在东夷文化的基础上发展出了比较成熟的青铜文化，用青铜范铸生产工具、祭祀器皿、生活用品以及兵器。青铜器比以前的木、石、骨、蚌做成的器具效率更高，代表了更先进的生产力，青铜时代也正式开始。

虽然青铜器闯入了人们的生活，并渗透到社会的每一个角落，但是几千年来根植于中华大地先民基因里的玉石崇拜观念丝毫没有动摇，到了商代反而有愈演愈烈之势。同时新王朝的建立，在社会文化上的新气象也影响了玉器的使用，并在这一时期呈现出新的特点。

夏文化来源于西北方，是种植谷粟为主的旱作农业文明。夏人鬼神宗教思想相对淡泊，循着黄帝以来建立的规范，保守理性，重礼仪。而商人来源于东方，是种植水稻为主的水作农业文明，沿着祖先和神灵崇拜的道路，商人更狂野感性，敬鬼神，重占卜，死后还要杀人殉葬。所以商代的玉器不像夏代那么规矩，而是充满神秘色彩和精神趣味。

商代前期曾多次迁都，政权处于不太稳定的阶段，玉器使用或多或少接续了夏代的传统，主要以玉兵器等礼仪器为主。商代中期，在盘庚迁殷之后，进入全盛时期，奴隶制更加健全，王权日益凸显。这一阶段的玉器完全为最高统治者服务，统治者的个人喜好很大程度上决定了玉器的类型，动物玉雕、器皿玉雕、各类佩饰纷纷出现，玉器从祭祀礼仪中解放出来，成为统治者日常生活的必需品，这在刻板规矩的夏代是难以想象的。

商代人疯狂崇拜着自己的祖先，用玉雕成祖先图腾的形象进行追思，各种鸟纹的玉器层出不穷。玄鸟，也就是黑色的燕子，是商代人最钟爱的美术题材，它随着商人的征服之路不断叠加演

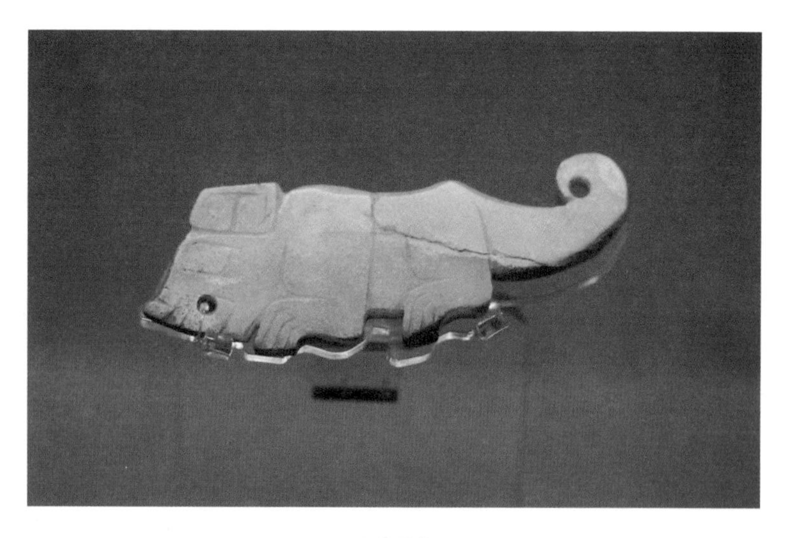

玉虎形饰

变，终于成为有鸡冠、鹤足和雀尾的凤凰，成为和龙一样象征华夏民族文化的图腾。

商代终于有了成熟的文字，这些文字以卜辞的形式被刻在龟甲和兽骨上，随着占卜活动的结束被集中埋于地下。三千五百年后的清末，一个偶然的机会，它们被识别出来，成为这个王朝确确实实存在于历史上的绝对证据。虽然文字还没有跟玉器结合，但是因为文字的记录，让商代的玉器可以清晰地知道归属，也让我们能够更加深刻地理解这个王朝和玉之间的故事了。

武丁妇好，征玉之战

公元前 13 世纪，商王朝经过一段时间的动荡，终于由商王盘庚定都于殷。在这里，盘庚的侄子商王武丁开始了重振朝纲的行动。他任用出身低贱的傅说为相，内修国政，外讨强敌，凭借卓越的统治才华将商朝国力推向巅峰，史称“武丁中兴”。汗青之上只有这位商王的名字，殊不知，在他背后还有一位同样卓越的女性，也为王朝中兴奉献了全部的心力，她就是妇好。

妇好是商王武丁的第一位王后，古代文献中却没有关于她只言片语的记载。但是历史只会被掩埋，却不会被消灭。1976 年河南殷墟妇好墓的发掘以及大量精美文物的出土，终于让这位王后的传奇人生被世人所知，也让我们有机会近距离感受这位中国历史上第一位女性军事家、政治家、巾帼英雄的灿烂生活。

妇好墓出土的古物中包含了大量的文字信息，通过文字，我们得知了她的名字，也得知了她不仅是武丁的皇后和商王朝的女主人，更是一位杰出的女将军。她如同一方诸侯，有自己的封地，要向商王纳贡。她会走上朝堂，参与处理国家政务。

据甲骨文的记载，有一年，商的北方地区发生战争，双方陷入僵持局面。妇好请战，商王起初不允，占卜之后显示大吉，才决定派妇好前往救援，结果妇好所向披靡，大胜而归。从此之后，妇好成为军队的长期统帅，她东征西讨，开疆拓土，先后征服了周围的二十多个方国，为王朝复兴奠定坚实基础。

妇好墓玉熊

甲骨文信息还显示，妇好曾代表商王亲自主持祭祀活动，祭拜祖庙与天地，这是无与伦比的尊荣，尤其对于一位女性来说。她还曾以军事统帅的名义多次征募军队，创下了商代一次征兵数量的最高纪录。

《左传》中说："国之大事，在祀与戎。"祭祀与打仗是一个国家最根本的两件大事，历来只能由男性参与，由统治者掌管。而妇好同时参与了这两件大事，并且是以最高权力者的身份，这在古代中国来说，凤毛麟角，且开创先例。

除了文字，我们从妇好墓出土的玉器中，更加能够感受这位风云人物的魅力。妇好作为王室代表，是非常爱玉之人。妇好墓共出土青铜、玉石、象牙等不同质地的古物1928件，其中玉器多达755件，分为礼仪权杖、生产工具、生活用具、佩戴装饰和杂器等类。

妇好墓的玉器以浅深不等的青玉为主，白玉、黄玉、墨玉的材质较少。除了专门的王室玉工制作的玉器外，还有来自周围方国的玉器，比如有的玉器上刻有"卢方"，应该就是从卢方国获取的。

妇好墓玉器显示出既有继承又有创新的特点。玉龙明显继承了红山文化玉龙的造型，但是头更大，面目更夸张，周身刻麟纹，形象更加优美。玉琮、玉璧等则是继承了良渚文化的特色。良渚文化长期同东夷文化保持沟通，商文化又承袭东夷文化，其中的渊源不言自明。妇好墓的玉凤则承袭了汉江流域石家河文化的造型。当时生产力发展，朝局稳定，让妇好墓玉器创新的特点更为突出。新器型有簋盘等容器，有纺轮、调色盘、耳勺等用具，有各类新题材的动物玉雕，还有让人耳目一新的人物玉雕。

新题材的动物玉雕应该来源于生活，种类特别齐全，有虎、象、熊、鹿、猴、马、牛、狗、兔、羊头、鹤、鹰、鸱、鹦鹉、鸽、燕雏、鸬鹚、鹅、鸭、螳螂、鱼、龟等等。王室的玉匠也许是把自己认

妇好墓玉象

识的所有动物都雕刻了出来，而妇好也乐见其成。即使放大到近万年的玉器史上，我们也很难找到如此齐全、集中的玉雕动物。它的伟大之处不仅限于首创，其艺术水平也达到了很高的程度。匠人非常善于抓取动物的显著特征，用夸张概括的手法准确造型，双阴线刻很好地塑造了立体感，“臣”字目有一种朴素的真实感。玉熊萌憨、玉象温顺、玉马俊逸、玉狗灵巧、玉兔机敏、玉虎凶猛……透过这些生动的小动物，我们仿佛能够看到武丁、妇好和他们的宫人仆从们围猎、驯服、圈养动物的生活场景。

在这众多的动物玉雕中，玉象不得不提一下。象是商代生活中很常见的动物，妇好墓中出土的卜辞有一枚是这样写的：“今

妇好墓玉凤

夕其雨，获象。”意思是占卜结果显示，今天会下雨，可以捕获大象。这是一个很有趣的话题，商代人的活动中心在今天的河南北部，现代人很难把这一地区同大象联系起来。实际上，根据气象学家的研究，三千多年前的商代，中原地区气候温和，湿润多雨，森林河流众多，是很适合大象生存的。河南省的简称是“豫”，因为河南正位于大禹厘定的九州之一豫州所在的区域，这片区域之所以叫作“豫州”，正是因为常有大象出没。商代人不但能捕获大象，还能驯化大象，让大象为自己的生产生活以及战争服务。商代中原温润的气候也让商代人能够源源不断获取乌龟资源，以支撑龟甲的生产来占卜吉凶。

龙凤合体、凤、怪鸟、怪兽等珍禽异兽的造型可能与商代盛行的巫术有关。值得一提的是，其中一件镂冠的长尾玉凤，已经是非常成熟的凤鸟形象，它跟商代其他抽象的玉鸟造型大相径庭，非常写实，也没有商王室玉雕最常用的双勾线刻。无独有偶，在南方石家河文化遗址中也出土了类似的玉凤造型。石家河文化稍早于商文化，从石家河文化到楚文化，汉江流域的先民也是以鸟为图腾，这只玉凤应该是深度借鉴了石家河文化的玉凤风格，或者说是直接出产自石家河地区。妇好曾南征北战，也许这枚玉凤，正是她在与汉江流域的方国作战时所俘获的战利品。

玉人是妇好墓玉器中最为珍贵的类型，它们直观地反映出那

妇好墓玉跪人

个时代人们的生活方式与习俗，发型、服饰、坐立方式等。妇好墓所出玉人的体态大都是跪坐式。在椅凳还没有出现的唐代之前，人们一般席地而坐。席地而坐有一种标准的坐姿——跽坐：双膝跪地、脚背贴地、臀落踝上、手放膝上。出土的几件商代玉跪人基本符合这种坐姿。

其中一件跪形玉人，头戴圆箍形，前连结一筒饰，身穿交领长袍，下缘至足踝，双手抚膝跪坐，腰系宽带，腹前悬长条“蔽”，两肩饰“臣”字目的动物纹，右腿饰曲形蛇纹，面庞狭长，细眉大眼，宽鼻小口，表情肃穆。

妇好墓玉跪人

另一件玉人呈现的应该是一位跽坐贵族，他所穿的窄长袖、有花纹的短衣是商代贵族的流行服饰。头顶中心梳小辫，辫上疑似绑有发绳，“辫发”也是商代玉人比较常见的发型。玉人头顶有贯通左右的小孔。两腿之间有一个较大的圆孔，可供插嵌。

商代玉人中比较另类的一件是玉阴阳人。灰白色的裸体，一面是男性，一面是女性，分别简单勾勒出五官和身体肌肉关节，造型比较呆板。玉阴阳人仿佛男女儿童形象，脚下有榫，可供插嵌，便于礼拜。它似乎与商代盛行的巫术有关，也可能是妇好生前所供奉，经常用以礼拜而求多子的生育之神。

妇好墓玉阴阳人（正背面）

无论是动物还是人物，都是正面或侧面的造型，这是妇好墓玉雕乃至整个商代玉器的共同特点，反映出商人思想的直接与奔放。

妇好墓出土的七百多件玉雕，经过检测有近三百件与新疆和田玉的成分相同，其中也有几件是岫岩玉和蓝田玉。这说明，武丁妇好时期，玉石的来源非常丰富。河南本来就是玉石资源较多的地区，蓝田玉和岫岩玉的产地离商代的统治中心也不算太远，但是新疆和田远在西方万里之遥，妇好墓出土玉器居然有大量和田玉，实在让人叹惊，这也是和田玉见于中原地区的较早实物证据。

《易经·既济》记载：“高宗伐鬼方，三年克之。”高宗指的就是商王武丁，鬼方是商周时期盘踞在山西北部到甘肃南部一带的部落，曾筑城建国，被视为远夷之国。在武丁统治时期，曾经去攻打鬼方，一直打了三年才打胜。西北部落普遍落后，行踪不定，也没有多少财富，是什么原因让武丁发动这场长达三年的耗费巨大的战争呢？

考古出土龟甲上的一些卜辞给出了答案。卜辞中有“征玉”“取玉”的字眼。“征玉”就是通过战争获取玉石。“取玉”可能是去产玉之地开采玉石或者通过贸易、纳贡等方式取得玉石。鬼方部落恰好活跃在中原去新疆的必经之路上，控制着和田玉东进的路线，也许他们手中已经掌握了大批的和田玉石。那么，武丁发动的这场对鬼方的长期战争很有可能就是“征玉之战”。通过战争，武丁和妇好打通了去往新疆取玉的路线，或者直接从鬼方部落手中夺取了大量和田玉石，这才能在妇好去世时，用数量庞大的和田玉器陪葬。

无论是为了取玉不惜发动战争，还是在墓穴之中陪葬大量珍贵的和田玉器，都可以看出商代统治者对玉的热爱已经到了无以复加的地步。玉也成为商代王室奢靡生活的写照，成为神圣不可侵犯权力的象征。

帝辛暴虐，玉石俱焚

在武丁和妇好共同的努力下，商王朝经历了一段稳定而辉煌的岁月。一百多年以后，商王朝的权力传到了帝辛手中。帝辛，就是历史上赫赫有名的商纣王。

史书里面对帝辛的记载非常的不友好，说他生性残暴、喜怒无常、贪财好色、天生多恶。他掌权的时代，耗费巨资修建臭名昭著的鹿台，鹿台之上造酒池、悬肉林，搭建高耸入云的摘星楼，以供淫乐。他宠信奸佞，迷恋妲己，残杀忠臣，最后众叛亲离。因为他的暴虐无道，商王朝积淀了几百年的政权基业开始摇摇欲坠，最终走向覆灭。

“纣王”也是后来才有的称谓，是周人侮辱性、蔑视性的称呼。从此，“纣”也成了残暴、荒淫的象征。而透过众多资料，我们也可以看出这个被后人长期诟病的暴君，也有着圣明神武的另外一面。

帝辛天资聪颖，闻见甚敏，才力过人，否则也不可能作为小儿子而继承帝位。他统治的前期，也曾励精图治，开疆拓土，试图恢复武丁时期的繁荣。他向东攻打东夷部落，连战连胜，获得大量俘虏，向南攻打三苗部落，把势力延伸到长江流域。军事上的不断胜利，让所有人又有了商王朝重回顶峰的美好憧憬。

但是胜利却在这时冲昏了帝辛的头脑，他变得刚愎自用，不可一世，错误地以为自己天命所归，永远没有败亡之日。于是，

妇好墓玉龙

帝辛开始骄纵疯狂了。他不仅耽于酒色，还拒绝任何的进谏，他杀死了忠心的叔父比干，气走了自己的兄弟微子。不过统治阶级的淫乐行为是所有帝王的日常，单单的酒色之娱并不足以颠覆有几百年历史的王朝。商的败亡，更多可能是因为帝辛的穷兵黩武，导致国库空虚，而大兴土木，导致奴隶反抗。而碰巧在他遭遇统治危机的这段时间，西方岐山附近又出现了一位圣德昭天下的西伯昌。

西伯昌是西边的方国周的首领，他治理国家有方，百姓生活幸福，夜不闭户，这让生活在商都朝歌的百姓心生羡慕，于是纷纷逃到他的封地寻求活路。西伯昌与他的儿子发，见天下大乱，帝辛无德，殷商气数将尽，便联合了四方诸侯，起兵征讨。

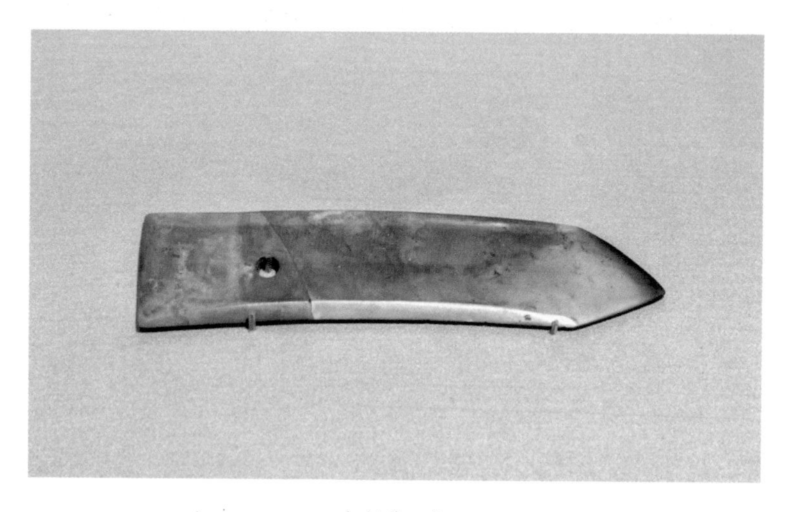

妇好墓玉戈

商王朝虽然朝纲混乱，毕竟有几百年的基础，仍然很强大。周伐商是以弱对强，战况的凶险可想而知，这仗一打就打了很多年。

终于周和商在朝歌的郊区牧野展开了决战，各路诸侯都憎恨帝辛凶残无道，纷纷起兵协助周昌，他们组成了联军。帝辛也征集兵士、奴隶、俘虏等，迅速组成了数倍于诸侯联军的部队。然而他的倒行逆施在此时带来了恶果。奴隶和俘虏们阵前倒戈，反而同诸侯联军一起攻打商军，帝辛的军队一败涂地，史称“牧野之战”。

帝辛登上鹿台，躲进摘星楼——这是他晚年经常出没之所，他搜刮掠夺的很多珠宝玉器都藏在里面。帝辛远远望去，大好河山已经不再归他所有。他最后必须再做点什么，来阻止周的夺权。于是他穿上层层华贵的衣服，将鹿台所收藏的玉石都集中在身边，然后一把火点燃。

随着摘星楼上的大火冲天而起，一代王朝销声匿迹，帝辛带着他的霸业与功绩、残暴与奢侈、失落与不甘，化成一缕青烟，消失在茫茫时空。这就是《史记》中记载的帝辛“蒙衣其殊玉，自燔于火而死”的情节。他之所以选择玉石俱焚，可能是舍不得这些奢华靓丽的美玉，但更重要的应该是觉得只有最高统治者才能享用的东西，是不能留给作为乱臣贼子的周人的。因为这些玉

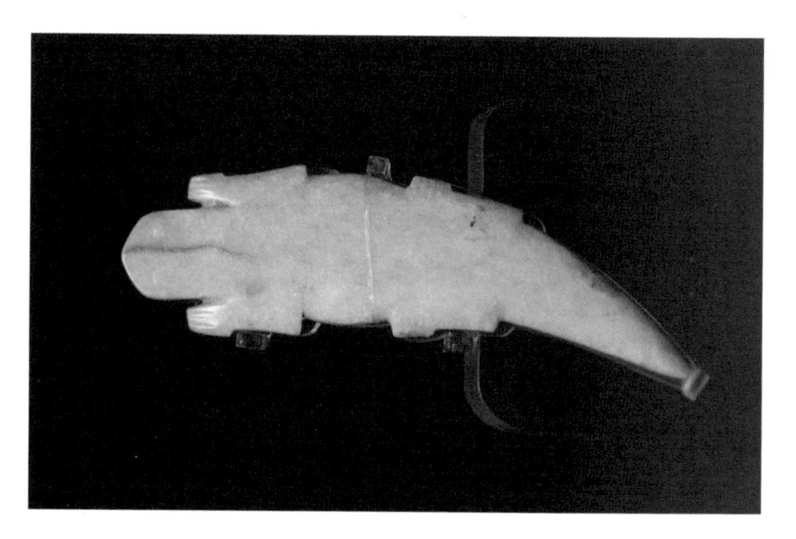

玉蜥蜴

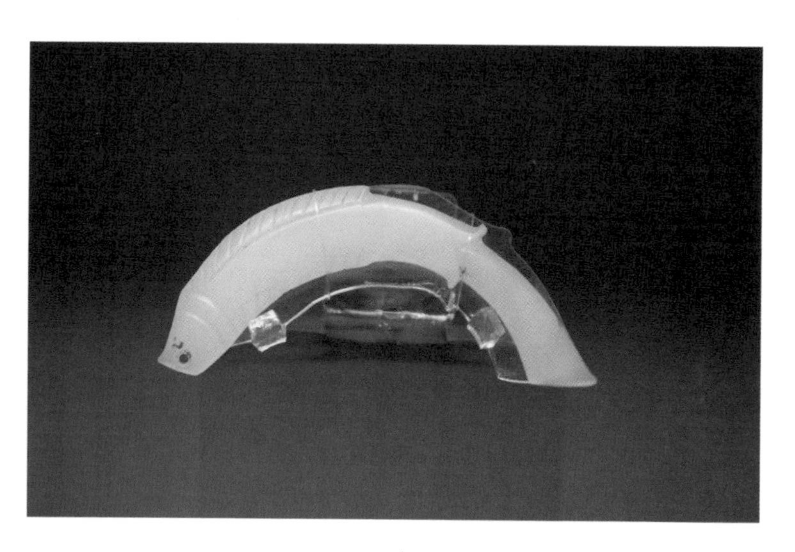

玉鱼

器，是天子身份和权力的象征，玉在人在，人亡玉亡。没有玉器使用的周人，就如同没有上天认证一般，又怎么坐得了天下呢？

五百年王朝的风风雨雨，是是非非，已经很难觅得真相。一个王朝紧跟着一个王朝，走近又远去，时光无语，只有玉器无声地承载着他们之间的文化链接一路悠悠而来。轮换的是君王，更迭的是朝代，新朝与旧朝的玉文化，新朝与旧朝的人，却很难有分明的界定。曾经在帝辛和王室成员身上闪闪发光的玉石，并没有被大火完全销毁，它们将以另一个形式，继续左右历史的进程。

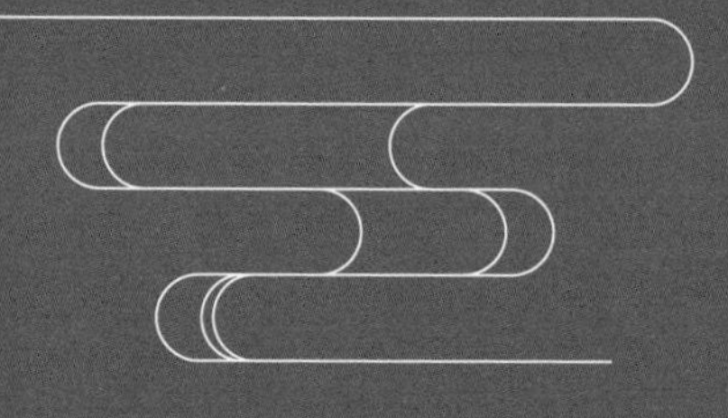

第四章 瑞信符佩

西周的礼仪

“

对比玉府和典瑞两个机构，玉府主要负责天子一人的用玉，涵盖天子用玉的所有种类。典瑞主要负责诸侯士大夫阶层的礼仪用玉。

礼乐之下，玉有所管

公元前 11 世纪，周武王起兵伐商，灭掉了商王朝，建立了中国历史上的第三个王朝——周王朝。周王朝享祚八百年，是历史上存在时间最久的王朝，但是后五百多年的东周时期，周天子只是名义上的最高统治者，所以周代的两个阶段往往分开而论。定都于镐京的近三百年时间，一般称为西周。

西周建立后三年周武王去世，他的儿子周成王继位，由周武王的弟弟周公摄政。周公名旦，因采邑在周、爵为上公而称为周公。周公是西周初期杰出的政治家、军事家、思想家、教育家，被尊为“元圣”和儒学的奠基人。《尚书 · 大传》这样概括周公一生的功绩：“一年救乱，二年克殷，三年践奄，四年建侯卫，五年营成周，六年制礼乐，七年致政成王。”汉代的思想家、文学家贾谊评价周公：“文王有大德而功未就，武王有大功而治未成，

周公

周公集大德大功大治于一身。孔子之前，黄帝之后，于中国有大关系者，周公一人而已。”他是中国历史上影响最为深远的人物之一，也是玉文化发展中一个划时代的人物。

周公吸取了商代灭国的教训，分别颁布或强化了分封制、宗法制、世袭制和井田制等制度，用来巩固周天子的统治，让西周成为了一个由同姓诸侯国与异姓诸侯国层层护卫的政权。当然，周公对中国历史文化最大的贡献，还是亲自制定了礼乐文化，同时也开启了玉文化中一段森严的礼玉岁月。

周公制礼作乐，并非是前无所因的创举，而是在总结前朝经验的基础上，继承和发展了夏商的旧礼，结合周人原有的风俗制度，制定出一套维护政权和约束行为的规范体系。“礼”强调的是“别”，分别了血统和身份，就有了“尊尊”的行为；“乐”强调的是“和”，能够和谐相处，就有了“亲亲”的行为。既有分别又有和合，这是巩固周王朝内部团结的两个方面。所以礼最终所要解决的中心问题是尊卑贵贱的区分，它是宗法制的外延；乐最终要解决的中心问题是阶层相处的和谐，它是宗法制的保障。

礼乐制度其实从黄帝之时就已经存在了，黄帝曾作《云门》之乐，订祭祀之礼。周和夏都是来源于西部的黄帝一族的子孙，有着相同的民族性格，崇尚礼仪，重视规矩。周公制“周礼”，有着来自祖先的渊源，也算是一种文化寻根。

周虽然灭了商，但也继承了商代一些优秀的礼仪规范。比如商代象征王权的用玉制度，很大程度上就被西周接受了。《逸周书》中载，“凡武王俘商旧宝玉万四千，佩玉亿有八万。”意思是周武王获得了商王朝的重量级玉器一万四千件，普通佩玉十八万件。史料显示，他同时还接收了商王室大量的匠人、工具和玉石原料。

周公制礼作乐的成果集中体现在了一部《周礼》之中。《周礼》不仅仅是周王朝的生活法旨，它直接影响了后世的文明与道德，几乎每一个封建朝代中的礼仪文化，都有《周礼》的影子。

描绘周代礼乐制度的经书还有《仪礼》和《礼记》，他们与《周礼》并称“三礼”。

研读“三礼”我们可以发现，周公制定的礼乐制度，丝毫离不开玉的应用。玉的使用范围包括政治、经济、军事、律法、外交、贸易等各个领域，遍及祭祀、庙飨、会盟、通聘、嫁娶、丧葬、穿着、音乐、兴建等各项活动。它是彰显君臣等级、尊卑次第、长幼人伦、富贵贫贱的有效工具。

根据《周礼》记载，当时的国家组织机构设置中，已经有专门管理玉器的机构了，其中最大的两个叫“玉府”和“典瑞”。

玉璧

此外还有一些跟玉器事务相关的部门和岗位，它们共同组成了庞大王国的玉器管理系统。

玉府是历史上第一个有文字记载的专职玉器机构。根据夏代（二里头文化时期）和商代出土的玉器规模推测，这两个国家应该也已经有了专门的玉器机构了，但是不见文字记载。周代的玉府隶属于天官冢宰，并由上士掌管。天官是周天子以下的最高权力机构，而玉府直接在天官的系统之中，应该是政治地位很高的部门了。《周礼》这样记载玉府的职能："掌王之金玉、玩好、兵器，凡良货贿之藏。共王之服玉、佩玉、珠玉。王齐，则共食玉。大丧，共含玉、复衣裳、角枕、角柶。掌王之燕衣服、衽席、床笫，凡亵器。若合诸侯，则共珠盘、玉敦。凡王之献金玉、兵器、文织、良货贿之物，受而藏之。凡王之好赐，共其货贿。"可见，玉府掌管着国家典礼和宫廷活动所使用的各类仪仗、服饰等用具。

典瑞也是国家特别设立的专门管理玉器的机构，它隶属于春官宗伯，并由中士掌管。根据《周礼》记载，典瑞的职能是："掌玉瑞、玉器之藏，辨其名物与其用事，设其服饰。"典瑞要根据国家的用玉规范，鉴别和划分玉器的类别、形制、尺寸，并按照官员等级分发合适的玉器。而从"瑞"这个字眼也可以看出，典瑞主要掌管的是瑞玉，即祭祀和礼仪用玉。

玉琮

对比玉府和典瑞两个机构，玉府主要负责天子一人的用玉，涵盖天子用玉的所有种类。典瑞主要负责诸侯士大夫阶层的礼仪用玉，这些官员的其他用玉事项，应该是按照国家规范自行掌握了。所以，玉府的地位和级别要明显高于典瑞，是国家管玉的最高部门。

天官冢宰的内府，是和玉府同级别的机构。内府“掌受九贡、九赋、九功之货贿、良兵、良器，以待邦之大用。凡四方之币献之金玉、齿革、兵器，凡良货贿，入焉。凡适四方使者，共其所受之物而奉之。”其中也有一小部分玉器管理的职能，负责的是诸侯、方国、四夷进贡给周王室的玉器。

夏官司马的弁师，负责掌管天子和各级王公大臣的冠冕。冠冕的制作也有严格的规范，上面一般都会有玉饰。所以弁师也算是半个管玉的机构。天官冢宰的追师，掌管王后和妃嫔女官的首饰，所以同弁师一样，也算半个管玉的机构。

地官司徒的卝（古同“矿”）人，是负责矿产管理的人。玉石是非常珍贵之物，玉石的矿区就由卝人负责看守，它是平民百姓的禁地，擅入者要受到严厉的惩罚。秋官司寇的职金，是卝人的辅助，它负责矿藏资材的具体开采、登记、分发等事项。

玉圭

除了以上所列举，周代国家机构中涉及玉器的部门还有将近二十个，他们都属于管理部门。实际上，玉器的制作最要依靠的却是地位最低的工匠。这些玉雕工匠都是卑贱的奴隶，在周代称为玉人，《周礼·考工记》中专门有一篇是记录玉人的工作。

卝人把守和开采玉矿，职金记录和保管开采出的玉石原料，玉人按照标准将原材料琢磨成器，交由弁师、追师、典瑞等分类保管，玉府负责整体的流程把控，这构成了周王朝的玉石管理系统。

典章之玉，法度森严

由玉府统筹制作的大量玉器，覆盖到周王朝整个统治体系，一是用在国家层面的大型活动，二是用在个人层面的日常生活。国家层面的用玉，是神权和王权最集中的体现，其中最具代表性的就是“六器”和“六瑞”。

祭祀是当时国家最重要的活动之一，祭祀的对象是天地四方的神灵与祖先。最高统治者自称天子，宣扬自己的统治权力是上天和神灵赋予的。他们用玉做成六器，代表天地四方的神灵。《周礼》中载：“以玉作六器，以礼天地四方。以苍璧礼天，以黄琮礼地，以青圭礼东方，以赤璋礼南方，以白琥礼西方，以玄璜礼北方。皆有牲币，各放其器之色。”

六器是专门礼敬六合神灵的祭祀用玉，其造型、材质、代表

玉璋

的对象、摆放的方位均有严格的规定。苍璧礼天，主要祭祀的是天帝。黄琮礼地，主要祭祀的是周人的祖庭昆仑之神。青圭礼东方，祭祀的是东方之帝太昊。赤璋礼南方，祭祀的是南方之帝祝融。白琥礼西方，祭祀的是西方之帝少昊。玄璜礼北方，祭祀的是北方之帝颛顼。

玉璧是圆形圆孔的片状器物，初现于红山，盛行于良渚，是古人天圆地方宇宙观的体现。祭天时所用玉璧体积较大，后来慢慢演化成了佩戴的饰物，体积明显变小了很多。与玉璧相似的器型还有玉瑗和玉环。《尔雅》中对它们之间的区别做了阐释："肉倍好谓之璧，好倍肉谓之瑗，肉好若一谓之环。"肉是玉的实体部分，好是玉的空心部分。实体大于空心，就是玉璧；空心大于实体就是玉瑗；实体和空心一样宽，就是玉环。

玉琮是内圆外方中空的立方体形器物，盛行于良渚文化。在西周祭祀中专门用来祭地。玉琮的造型有大有小，后期也慢慢简化，变成如同方形手镯一样的器物。

玉圭是长方形平头或尖头的片状器物，早期会钻孔以供绑插。初现于龙山文化，传说伏羲曾以圭表测日影。玉圭很早就成为重要的礼器，在西周的祭祀活动中成为固定礼东方的器物，同时还被用于各级官员的瑞信，成为使用最频繁的器型。

在《周礼》中还有一种奇特的圭与璧合体的造型，一只圭叠加一只璧称为圭璧。圭璧专以“祀日月星辰”。同时还是两只圭

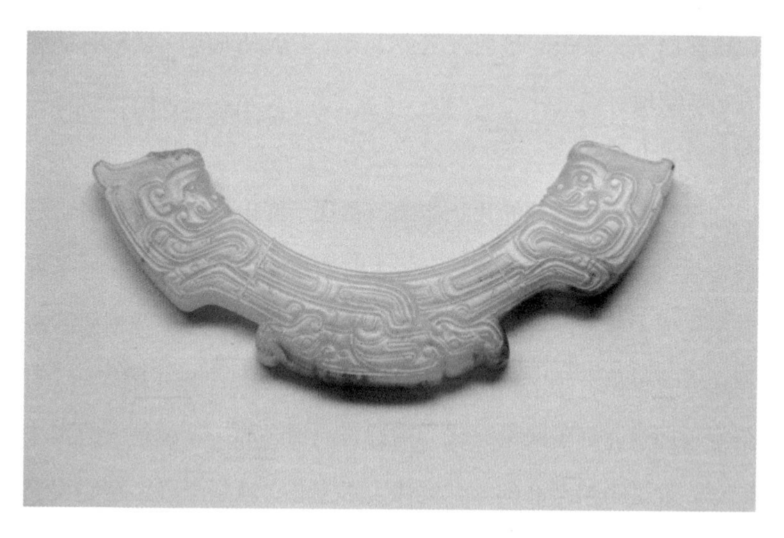

玉璜

叠加一只璧和四只圭叠加一只璧的造型，分别称为“两圭有邸”和“四圭有邸”。前者用于祭祀“地旅四望”，后者用于祭祀“天旅上帝”。

圭在玉文化中有旺盛的生命力，后来被各类宗教借鉴称为法器，还演化成大臣们上朝时手持的笏板。

玉璋是一种像刀的片状器物，自红山文化以来一直被统治阶级使用。西周祭祀中用来礼南方。关于璋的造型，《说文解字》中有形象的解释：“半圭曰璋。”就是把玉圭竖着从中间切开，然后把头磨尖。璋从一出现就同军旅结合，是军事权力的象征，后来直接作为调兵遣将的军符使用。

玉琥是六器中唯一肖生的器型，也是片状器物。它出现得较晚，在西周时礼祭西方之用。以虎为形，可能是考虑到老虎是凶猛的动物，有肃杀之气，同时也是西方部落的图腾。玉琥后来也慢慢衍生出其他用途，或作佩饰，或成为调动军队的虎符。

玉璜是弦形片状器物，形状像把玉璧掰断之后其中较小的一片。在西周祭祀中用于礼北方。璜后来成为佩饰中最常见的品种，成为跟玦对应的器物。

玉虎

与“六器”祭祀六合不同，“六瑞”主要是用于明辨身份等级。六瑞是周王朝统治者贯彻宗法制度的最强烈体现，它把自上而下金字塔式的统治模型形象地表达出来。周代的官阶爵位，最高的当然是天子，往下依次是公、侯、伯、子、男五个等级。这六个等级的身份以玉来对应，不同的身份对应不同的玉器，这样，整个官僚系统的尊卑上下就完全清晰固定了。于是，《周礼》中这样规定：“以玉作六瑞，以等邦国。王执镇圭，公执桓圭，侯执信圭，伯执躬圭，子执谷璧，男执蒲璧。”

六瑞官阶职位的瑞信，是身份等级的象征。朝聘之时，天子和王公贵族们必须按身份佩带不同类型、不同尺寸的礼器。天子与诸侯、诸侯与诸侯必须持圭相见，六瑞不可越级乱用，逾越了就是大不敬。

所谓的六瑞，就是不同规格的圭和璧两种器物。天子所持的镇圭，又叫玠圭，长一尺二寸，上面雕刻有四镇大山的纹饰，象征四方安定之意，因此名镇圭。公爵所持的桓圭，长九寸，上面刻有两株植物纹饰。侯爵所持的信圭，长七寸，上面刻的是持圭信首而立的人物纹饰。伯爵所持的躬圭，长七寸，上面刻的是持圭躬身下拜的人物纹饰。子爵和男爵，所持的分别是琢刻谷纹和蒲纹的玉璧。

六器与六瑞之外，天子和诸侯们节制军队也是用特定的玉器。牙璋是《周礼》中规定的调兵遣将的信物，此外就是玉虎符、玉

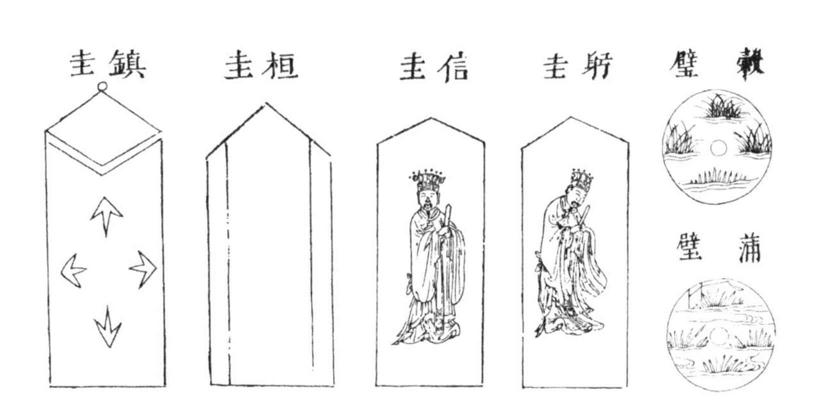

《三才图会》中的六瑞图

麟符、玉鱼符、玉鹤符等动物形象的玉兵符了。夏商时期的玉兵器戈、钺、戚等也会在军事活动中使用，不过是作为仪仗，以壮军威。

天子与诸侯之间，诸侯与诸侯之间，少不了正常的邦交活动，出使的大臣们往往要携带玉器作为标识身份的符节。常用的符节有琬圭、琰圭、珍圭、谷圭、牙璋等五种器物。琬圭圆融，象征和平；琰圭尖锐，寓意杀伐。所以通过使臣所持的信物，就可以知道这次出使的目的了。

对于用玉的规定，也同样渗透到了天子及诸侯们的婚丧嫁娶之中，其中的名目更加繁琐和细致。上至天子，下至男爵，礼仪周密翔实。玉器承载着一个社会的等级与章法，这些礼仪，就像一个模具，将各级官员放进模具中去，达到了整齐划一的效果。任何一件大事都有礼可依，整个社会管理空前地简单和容易起来。

佩戴之玉，环佩叮当

用于日常起居生活的玉器，虽然也有身份等级的区分，毕竟不像典礼玉器那么严肃规矩了，它们体现出一种人文化和艺术化的特征。随着西周玉器的出土，大量玦、环、串等装饰玉都展现在了人们面前。这也证明西周人在仪表上虽然有严格要求，却又不能泯灭人对美的追求。

《诗经·卫风·淇奥》这样描写了一位国君的仪容:“有匪君子，充耳琇莹，会弁如星。瑟兮僩兮，赫兮咺兮。”《毛诗》解释道:“琇莹，美石也。天子玉瑱，诸侯以石。”琇莹，是指次于玉的宝石。周代的时候，礼仪细致，只有周天子的充耳才是玉做的，而诸侯只能用比玉低一档的宝石制作。他帽子上镶嵌的宝石十分耀眼，挂在前后冠上的玉珠像星星一样闪亮。

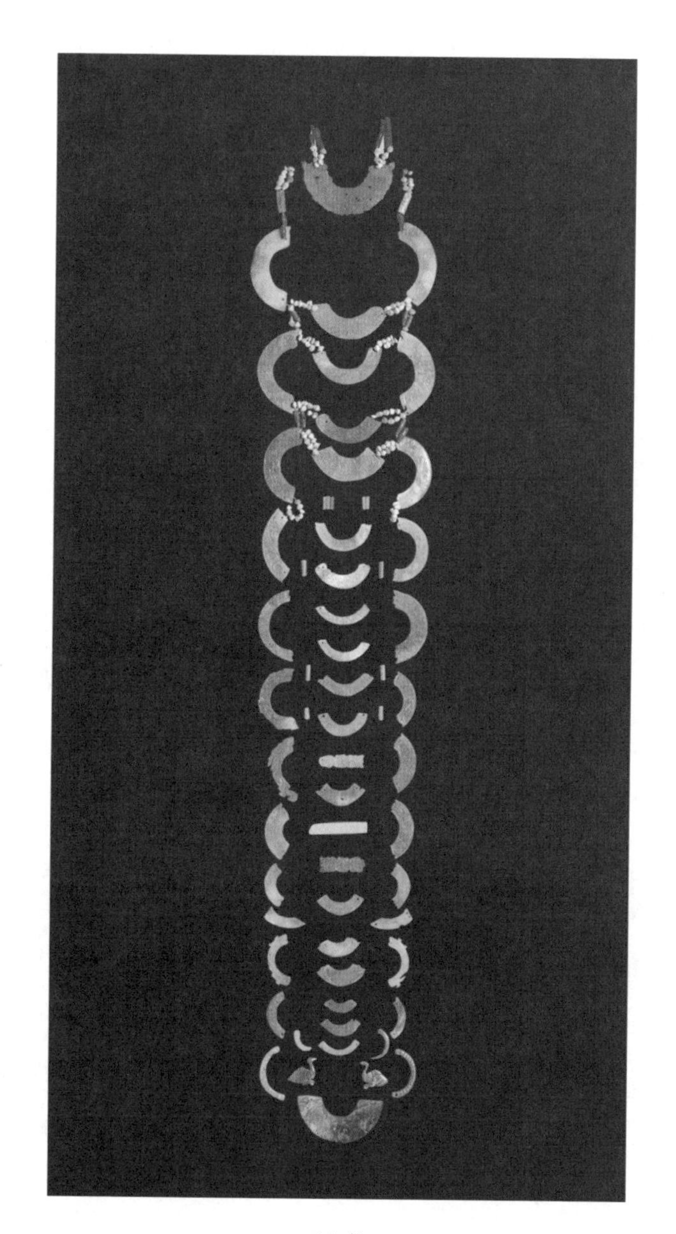

玉组佩

拥有高级审美，在整个西周时代也是礼仪之一，甚至是一种礼法。所以君王与大臣百姓，都十分注重仪表。身份等级越高的人，打扮得越美，但是这种打扮不是根据自己的审美随便穿华贵的衣服、戴珍贵的首饰。在日常穿戴玉器上，西周也有详细的礼仪规制。

组佩是最早的玉制饰品，由良渚文化发展而来。在演变过程中，更精美，用料也更讲究，所代表的主人身份，也更高贵。组佩里等级最高的是“全佩”，它是天子专用之物，由玉衡、玉瑀、玉琚、玉璜、玉冲牙等多件玉器搭配而成。两件玉饰之间，间以玉珠、玉管，并用丝绳串在一起。

诸侯和士大夫们佩戴的组佩就要比天子的“全佩”逊色一些了。《礼记》载：“天子佩白玉而玄组绶，公侯山玄玉而朱组绶，卿大夫水苍玉而缁组绶，士子佩瑜玉而綦组绶，士佩瓀玟而缊组绶。”意思是：天子以白玉为佩，用黑色的丝带串起来；公侯以山玄玉为佩，用红色的丝绳串起来；卿大夫以水青色的玉作佩，用纯色的丝绳串起来。士子们以瑜玉作佩，用杂色的丝绳串起来。士以普通的美石作佩，用赤黄色的丝绳串起来。

玉藻，又叫冕旒，是天子王冠上垂挂下来的玉流苏。藻是串玉珠用的彩绳，而冠前冠后垂下的珠子，则是玉珠。冕冠是天子和百官参加祭祀典礼时所戴最尊贵的礼冠，天子的冕冠前后有多

玉兽形饰

少旒，用玉多少颗，都有严格的规定。其他的大臣，则按照身份等级递减，用度是不能逾越的，逾越了会受到刑罚伺候。

璀璨的王冠象征着权力和贵重，而王冠前后垂挂的玉珠子，一串又一串，则充满了飘逸灵秀之感。高高在上的王，透过珠子俯瞰他的臣民，那些玉珠适时遮挡住了君王的面孔，珠子后面是威严还是冷漠，谁也不得而知，君王却能透过这一串串的“玉藻”将天下尽收眼底。

玉瑱，是垂在冠冕两侧的玉器，细圆柱形。它配合冕旒使用，除了装饰之外，还有随时填充耳朵隔绝声音的用处，取“非礼勿听”之意。

玉笄，形似簪钗，有两种作用，一是束发，二是用来固定冠冕。

在“三礼”之一的《礼记》中，有一篇以《玉藻》为名的篇目，记载周代大夫将要去宫里朝君时，不但要提前一天斋戒，静心养性，还要“既服，习容观玉声”，即临出发前还要在家里穿好朝服，先检查一下自己的仪容和举止是否得当，走动一下，听听佩玉所发出的声音是否与步伐协调。

由此可见，周代贵族非常关注自己的行为举止，希望通过自我检测，实现其行为的审美价值。《玉藻》篇还记载着，“古之君子必佩玉，右徵、角，左宫、羽，趋以《采齐》，行以《肆夏》，周还中规，折还中矩，进则揖之，退则扬之，然后玉锵鸣也。故君子在车则闻鸾和之声，行则鸣佩玉，是以非辟之心无自入也。”意思是佩着玉的贵族行走的时候，玉佩上的玉也随着走路的节奏而发出悦耳的声音，右边的玉佩发出徵声、角声，左边的则发出宫声、羽声。贵族们向前走的时候，玉佩发出的声音与乐曲《采齐》的乐调相似，向后退的时候，玉佩发出的声音与《肆夏》的乐调相似。贵族返转回身，要走出弧线的样子，拐弯则要走得像直角一样。贵族的行为充满了典雅的气质，一举一动都具有可观赏性。

在这样的严格要求下，不知道西周的贵族有没有练就在走路时让玉佩发出优美音乐一样的响声的本事，但是佩着玉的贵族把

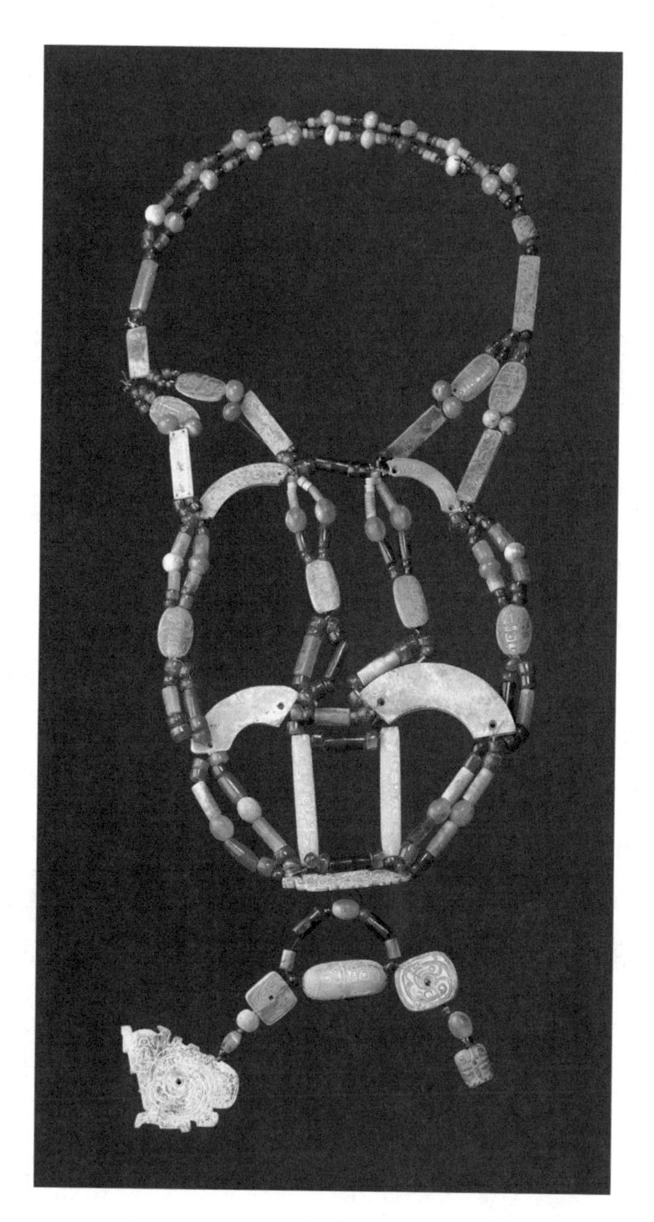

玉组佩

周人的行为美和身体节奏的音乐美发挥得淋漓尽致，倒是真的。

周代佩玉，寻求礼仪之美，彰显地位身份。还有最重要的一点，以佩玉来要求体态与行走的礼仪。《礼记·经解》中有“行步则有环佩之声”的记载。成语“环佩叮当”，形容佩戴玉环、玉玦等组佩走路时发出的声音，清脆又优美。环佩叮当现在是形容女子美态的。西周时期，对男子的要求也如出一辙，要求佩玉者走路优美，保持步伐的协调性统一性和均匀的速度，这样佩玉发出的声音才会悦耳、好听。叮叮当当，叮叮当当，犹如风吹银铃，雨过花间，十分悦耳，行走着的风度仪表也美起来了。

整个西周，从上到下，都形成了一种“美”的氛围，整齐又舒朗。西周的礼仪文化渗透到各个领域，达到了以此稳固政权的目的，但是同时，也泯灭了作为个体的个性美。西周是不允许有个性美的时代，它要求每个人都站在自己的阶级里面，不能超越规矩。每个阶层的人似乎都是雷同的，就像模具刻出来的一样，所以这种审美，是一种规定美。朝廷规定了什么样的衣服美，就要怎么穿；佩戴什么样的玉器美，大家就规规矩矩去佩戴同样的玉饰。西周的玉器就这样在美与不美的争议中，伴随着这个王朝从兴盛到衰落，直至这个王朝黯淡在历史的深处。

礼玉文化，承前启后

周王朝兴起于西北的岐山，对于和田玉的使用有“近水楼台先得月”的便利，在所有出土的西周玉器中，有大量来自新疆的和田玉。有了商朝奠定的用玉制度作基础，他们将玉文化提升到了一个新的高度。

周武王在政权初立的时候，为了稳定人心，将象征王权的商代玉器全盘继承，并随着分封制度，把它们赐给了伐商有功之臣。一方面表达了尊重商的统治并合法继承其统治权限的意愿，另一方面也用珍贵的玉宝有效地安抚和笼络了各路诸侯。在此，玉石从旧王朝摇身一变，成了新王朝稳定政权的功勋。

根据《穆天子传》的记载，周穆王曾到西方巡游，他带着中原的礼品，换回了数量过万的新疆玉。周穆王所走的巡游之路，早已经过从新石器时代晚期到商代无数先民的开拓，“吱吱呀呀”的木车，往来不断，终于将这条路走得越来越熟了。于是，和田玉沿着古老的玉石之路源源不断地流入中原，补充着王公大臣们大量用玉的需求。

所以，在丝绸之路之前，更早的前三代王朝时期，玉石之路已经一点点写就了传奇。而丝绸之路，应该是将这条荒寒的、已经被时光漫过的、没有痕迹的玉石之路，又重新开辟了出来。某一时，某一刻，丝绸之路的车轮，与玉石之路上的车轮，重叠，交替，又分散。

玉鹿形饰

玉琮

西周玉器是在继承商代玉器成就基础上发展起来的。西周前期，延续着商朝的痕迹和工艺，风格古朴、遒劲、大气，而到了周穆王时期的玉器，则展现出柔美、流畅、飘逸的风情，为日后的美玉时代奠定了基础。它的创新形态极为突出，在玉器的种类、造型方面，都有很多空前新异的创作。

西周规范了社会各阶层的礼仪标准，玉是绝对的承载者。巩固阶层，约束行为，通过一系列的佩玉规范来完成。在这个过程中，玉器被当成抽象化和理性化的神物、圣物，也是道德观念的载体。它们的最重要作用，是确立和巩固宗法等级制度基础上的人伦关系。西周礼玉文化的这种特点，也为东周时期将玉器纳入“君子比德于玉”的道德范畴，做了思想准备，给东周奠定了以玉养德的基础与文化氛围。

整个西周时代，是中国礼法完善的时代，玉器深度参与了西周的礼乐文化，把礼玉文化和礼玉的制作推向了一个高峰。当此之时，圣坛祭典上不可无玉，宫室车马上不可无玉，王侯衮服上不可无玉，墓穴丧葬中不可无玉。整个国家的政治生活与精神生活完完全全被玉规定好了。

一件玉佩总有它的正反面，周礼的形成，对后世是一个巨大的贡献，同时，也抹杀了一些特性。没有人可以逾越礼制，当规则脱离了人性与七情六欲，就成了冷冰冰的不近人情。这应该是西周玉器使用的遗憾之处了。

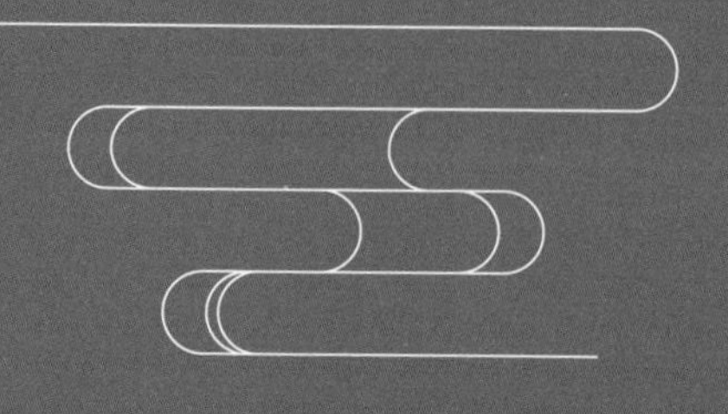

第五章

比德于玉

春秋战国的救赎

“

玉不再仅仅是神灵化、权力化以及价值化的物品，更是道德化、人格化的君子符号。玉有了道德的属性，犹如一个人拥有了灵魂。精神力的附加，使玉之美丽，玉之珍贵，达到了几千年来的顶点。

礼崩乐坏，孔子另辟蹊径

公元前 8 世纪初，西周的末代君主周幽王宠幸褒姒，为搏美人一笑烽火戏诸侯，也播下亡国的种子。当申侯联合犬戎来攻，都城举起狼烟时，竟无一家诸侯来救。犬戎攻破镐京，杀死幽王，西周的统治宣告结束。幽王的儿子继位为周平王，平王迁都洛邑，史称东周。东周延续了五百多年，又分为春秋和战国两个阶段。

春秋战国时期，王室衰微，周公建立的统治秩序荡然无存，一时间呈现出礼崩乐坏的局面。诸侯之间连年混战，争霸与兼并成为主题，先后诞生了春秋五霸和战国七雄。所有的礼仪规范，法度约束，都是建立在绝对王权之上的。周天子权力渐渐削弱，而诸侯国和卿大夫的权力却日渐强大，用来约束官僚体系的礼仪也形同虚设。诸侯国开始不遵守《周礼》中为他们量身打造的礼仪规范，在很多用度上出现了僭越的行为。而玉器作为礼仪规范

玉剑饰

的载体首当其冲。

春秋时期，季孙氏是鲁国的卿族，把持着鲁国的朝政，时不时出现违反礼法的行为。鲁定公五年，季平子到东野巡视回来，还没有到家就死在路上。他的家臣阳虎想把玙璠与季平子一起入殓，大夫仲梁怀不同意，说道："改步改玉。"意思是要阳虎改变祭祀距离，改变随葬玉器级别。因为周代祭祀时，祭者与死者尸身相距的步数是以地位排列的，尸身上随葬的玉器级别也是按照身份拟定的。季平子本来是鲁定公的臣属，玙璠是诸侯国君才能享用的佩戴玉器，虽然他曾经代国君管理政事时也佩戴过玙璠，但去世后仍是臣子的身份，要用对诸侯的礼仪来埋葬一个臣子，这是不符合周礼的。

还是这个季孙氏。季平子去世后，他的儿子季桓子继承了卿位。季桓子居然在自己的家庙中随意使用天子才能使用的八侑之舞。孔子听说了之后非常气愤，才喊出那句“八佾舞于庭，是可忍孰不可忍”的经典名句。

诸侯卿大夫越级使用玉器的典型实例是陕西户县宋村春秋时期的一座秦国墓葬。这个并非安葬天子的墓中随葬的礼仪器有圭、戈二类。圭长 46 厘米，戈长 35.8 厘米，它们都明显超过周天子享玉的尺寸标准（天子镇圭一尺二寸约 27.7 厘米）。

天子的王权遭到了最强烈的冲击，周王室却毫无办法。各路诸侯也不遑多让，他们的家臣卿大夫们也照葫芦画瓢地挑战他们的权威。这就导致了社会进一步的动乱，造成了礼乐制度的崩塌。

社会礼法混乱不堪，急需回归正统。以孔子为代表的守旧士大夫们奔走呼号，希望恢复周礼。他们著书立说，游说诸侯，却收效甚微。孔子在绝望之余，继续寻找解决之道。他试图找到一种方式，将礼乐制度和社会秩序重新建立，在社会层面的传统礼法不能恢复的情况下，孔子另辟蹊径，将眼光放到了个人的修为层面。社会也是由个人组成的，如果每个人都从思想上受到礼法熏染和制约，那么整个社会就会往积极的方向发展。

而孔子所使用的这个载体，依然是玉。不过，他的思路是将

螭食人纹佩

玉赋予了一种新的属性——德。以玉比德不是孔子的首创，在他之前的齐国名相管仲，倡导“尊王攘夷”的治国理念，相比周礼而言虽然打了折扣，但毕竟是对社会礼法一定意义上的重建，管仲就曾首先提出玉有九德的观点。

孔子将管子的思想进一步发展，用拟人化的手法系统总结出玉的十一德：仁、知、义、礼、乐、忠、信、天、地、德、道，提出了“君子比德于玉”的思想。孔子大兴教育，广布学说，他的提倡，真正让玉德的观念流传开来，玉德学说得以最终建立。孔子的贵玉思想，并不是巫玉时代、礼玉时代赋予玉本身的巨大价值，孔子的意思是，玉本身就包含“君子之德，君子之礼”。他将玉的价值虚拟化，也真正道德化、人格化了。

《礼记·儒行》里便这样说:“儒有不宝金玉,而忠信以为宝。”《礼记·聘义》说道:“以圭璋聘,重礼也。已聘而还圭璋,此轻财而重礼之义也。诸侯相厉以轻财重礼,则民作让矣。”这个玉德,正好契合玉质。孔子还说:“言念君子,温其如玉,故君子贵之也。”在他眼中,玉就是君子道德标准的象征。《礼记·聘义》更是直接写道:“君子比德于玉焉。”

孔子等先贤的玉德学说奠定了东周时期崇玉文化思想的新体系。玉不再仅仅是神灵化、权力化以及价值化的物品,更是道德化、人格化的君子符号。玉有了道德的属性,犹如一个人拥有了灵魂。精神力的附加,使玉之美丽,玉之珍贵,达到了几千年来的顶点。

把玉这种得天地灵气而成的宝石,赋予精神内涵,赋予坚毅、温良、含蓄、儒雅等品性,就让佩玉有了教育意义。孔子要求佩玉的人,也同时拥有玉一样的心性与品德,人要像玉学习,向玉看齐。这样,孔子用玉重建社会秩序的目的就达到了。人如玉,玉也如人,《周礼》没落之后,人还可以在道德上获得自律,也就不会发生整体道德滑坡现象,避免世风日下。这也是玉德学说建立的缘起。

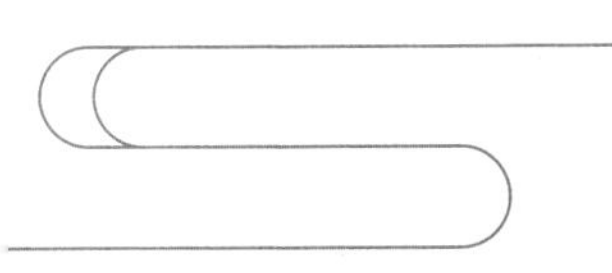

风生水起，玉雕解放天性

祸兮福之所倚，福兮祸之所伏。一件事情总是有两个方面。黎民百姓喜欢安定，文化艺术却偏爱乱世。虽然春秋战国礼崩乐坏的局面，让百姓们饱受战乱之苦，却让文化艺术获得成长的土壤。

诸侯和卿大夫们不再受礼法规矩的约束，在玉器制作上也大胆起来。只要能掌握玉料，只要能找到玉匠，就可以制作和天子级别一样尺寸的玉圭。甚至可以随意违反《周礼》中的规定，打造其他新尺寸的玉器，超过天子级别的形制已经成为常态。

这样超越规矩制作玉器的风气，客观上却促进了玉器技术和审美的发展。因为过往的西周玉器太规矩了，它的美完全是一种整齐划一的效果，没有丝毫个性。现在大家能按照自己的喜好和审美去琢磨玉器了，一时之间新题材新造型层出不穷。在礼仪崩

白玉谷纹环

塌的前提下，春秋战国的玉器反而呈现出了丰富性和多样性。

同时，孔子的玉德学说并没有试图恢复玉器生产的秩序，而是鼓励君子都来佩玉，用玉装饰自己、美化自己、鞭策自己、滋养自己。孔子说：“君子无故，玉不去身。”这更是让佩玉成为了一种社会风尚，玉佩饰迅速在各诸侯国的士大夫阶层风靡起来。

在装饰上，春秋战国的玉器开始摒弃了西周的严肃质朴风格。自由心性被开发后，玉器上的花纹和各种工艺也开始出现了恣意发挥的局面。于是精美者有之，简约者有之，古朴者有之，飘逸者有之，纷繁而又灿烂。

青玉龙形佩

在礼仪上，西周时庄严肃穆的感觉也在减弱，玉礼器也有了活泼的装饰纹案。人们把礼仪用具的选材往青铜器上倾斜，更让玉礼器慢慢退化成一种仪礼和吉祥的符号，而不再强调政治意义。礼器的器型璧、璜、琥等也被解放出来，变成了常见的佩饰。

玉佩饰成为春秋战国玉器的绝对主流，所有的玉佩饰都在追求美、塑造美。这一时期的玉器上几乎都琢刻纹饰，谷纹、蒲纹、星纹、龙纹、螭纹、夔纹、龙首纹、蟠虺纹、龙虎合体纹、人首龙身纹、人龙合体纹、勾连云雷纹、勾连乳钉纹等是流行的纹饰，多是在传统上进行突破性的创新。佩饰的造型也同样的丰富，璧、环、瑗、玦、璜、琮、觿、管是佩饰中应用最多的几何造型，龙、

玉带钩

凤、虎、鱼、鸟、蚕是佩饰中应用最多的动物造型。

云纹的流行最让人瞩目，这时期的云纹婉转流畅，飘逸柔美，衬托晶莹剔透的玉质，将人文之美发挥到极致，那正是自由的象征。龙纹是出镜率最高的纹饰，龙是传说中的动物，它是当时神话和宗教思想的集中体现，龙在这里代表的不是神权，而是可以亲近、可以倾诉的护佑者，是美好与安定的寄托。

除了佩饰外，其他用途的玉器也有了长足的进步。玉带钩是春秋战国时期新兴起的玉质用具，也是玉器史上比较有代表性的器型。早在良渚文化时期就出现了玉带钩形器，但它是否就是后世观念中的带钩还很难确定，甚至春秋时期最早的玉带钩是用来钩连上衣下衣还是用来固定皮革腰带也很难说，但可以确定的是，玉带钩很快就专门用来作为皮带的带扣了。早期人们的腰带是分为两种的，一种丝绳类的，用来绑束衣服，一般在前面打个结就固定住了。另外一种是皮革类的，用来悬挂佩饰、印信、武器等，它质地较硬，不容易打结，所以需要一个工具连接固定，这就是玉带钩的由来。战国时期的玉带钩确定了钩首、钩身和钩钮的基本形态，从汉代到明清的玉带钩都是在这个基本形态的基础上附加创作的。春秋战国时期的玉带钩不但造型优美，往往还与金、银、铜、琉璃等镶嵌组合，呈现出金玉满堂的华丽之美。

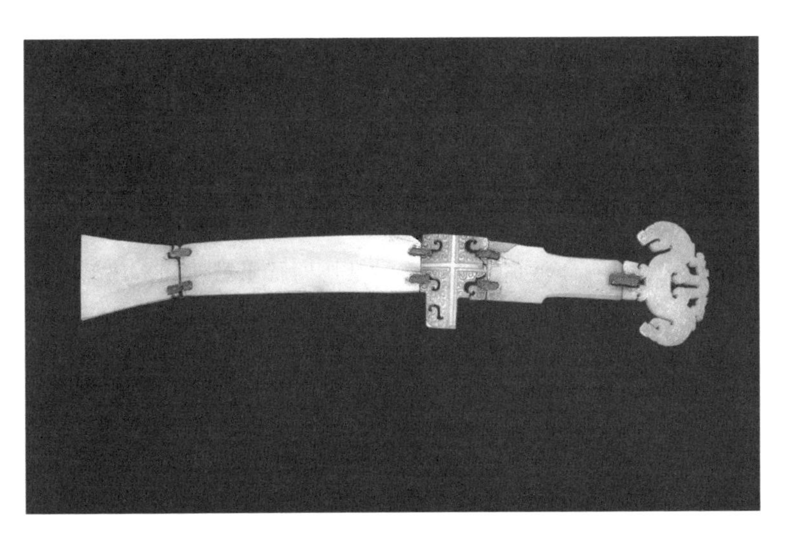

曾侯乙墓玉具剑

用于镶嵌装饰的玉器有一类叫作玉具剑。玉具剑不是用玉做的剑，而是用玉来做装饰的剑。它的形态也有一个慢慢演变的过程，战国早期曾侯乙墓出土的玉具剑由五个玉片装饰组成，它是一个完整的剑鞘的造型，而到战国晚期，由四个独立的部分组成的玉具剑占了主流，成为一套玉具剑的标准配置。标准的玉具剑由四部分组成：剑首（又叫剑镡）、剑格（又叫剑镗）、剑璏（又叫剑鼻、剑璲）、剑珌（又叫剑琕、剑摽）。佩戴玉具剑，是身份和地位的体现，也是富有的象征。

殓葬器也纳入更多的灵魂观念，春秋战国时期的人们已经有了玉可以保持尸身不腐的观念，比较简单朴素的玉覆面、玉衣、口晗等也开始使用。

湖北曾侯乙墓的玉器和河北中山王墓的玉器是比较能代表春秋战国时期玉器雕琢水平的两个案例。曾侯乙墓是战国早期曾国国君乙的墓葬，位于湖北的随县。曾国是一个受楚国庇护的小诸侯国，它在几百年波诡云谲的春秋战国时代默默无闻，几乎没掀起任何政治风浪，却在中国玉文化史上留下华丽的篇章。

曾侯乙墓出土玉器共372件，绝大多数位于墓主人的棺内，主要分为佩饰、用具和葬器三种。其中佩饰和用具艺术水平最高，它们在工艺上有两大卓越的成就，一是透雕工艺的鬼斧神工；二

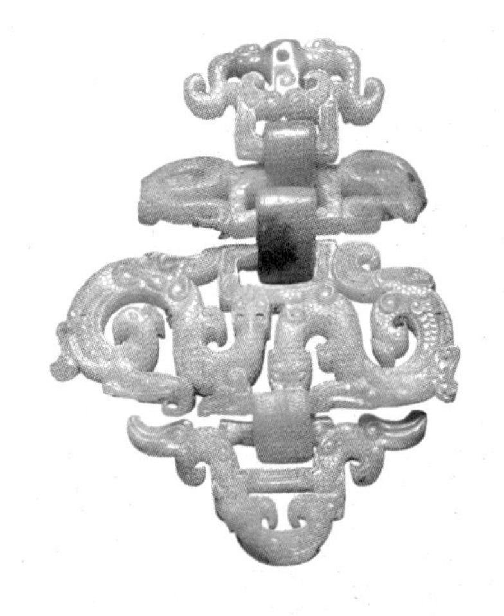

曾侯乙墓四节佩

是抛光工艺的登峰造极。曾侯乙墓玉器的透雕技法可以随心所欲地穿透玉片，透雕可以连续使用而对玉片没有任何损伤，同时还能保证造型的灵动流畅。多节佩更是以活环相连，活环为器物上一体雕出，不可拆卸，这种类似链雕的方式，是玉器技术中公认最难的。普通玉器的抛光很容易，但是纹饰复杂的玉器抛光就比较困难了，在纹饰复杂的基础上还有透雕，那么进行抛光就是难上加难了。曾侯乙墓玉器无论是纹饰多么复杂，造型多么奇特，都能进行全方位、高标准的抛光，而且抛光效果极佳，晶莹清润如同镜面。

多节佩是曾侯乙墓透雕和抛光工艺最突出的代表，它把切割、平雕、分雕、剔地、阴刻、透雕、活环、打磨、抛光多种技法施

中山王墓玉人

于一件玉饰，这在东周以前的历史上很少出现，甚至在之后相当长的时间内也不多见，可以说是玉器史上的一个奇迹。

中山王墓位于河北省平山县，是战国时期中山国国王及其家族墓地。中山国是战国时期除了七雄之外最强大的诸侯国，由白狄人建立，他们将白狄文化与中原文化相结合，创造了灿烂的中山文明。中山王墓先后出土了多达上千件的玉器，品类繁多，造型优美，尤其是玉器中包含了可观的文化信息，极具研究价值。比如其中出土的几十件玉器中居然有墨书的文字，有的写着器物名称，有的写着人名，有的还记录某一事件，这是极为难得的历史文化资料。

中山王墓三龙形饰

中山王墓出土了十几件片状小玉人，造型有男有女，有成人也有儿童，都穿着各种花格纹的束腰拖地长裙，头梳牛角形发髻，双手置于腹部，属于绝无仅有的玉器品种。对于研究中山国乃至整个春秋战国时期的服饰及生活习俗有非常重要的参考意义。

中山王墓出土了两件玉梳，一为青玉螭龙纹梳，一为黄玉双凤纹梳，雕刻精美，工艺细腻。同其他地域出土玉梳相比，这两件玉梳齿数稀少，结合出土玉人的发型，应该是中山国人独特的梳子造型。或许既可以用来梳头，也可以直接用来插戴。

黄玉透雕三龙环形饰是最能代表中山王墓玉器艺术水平的作

品。它的中央是一个绹索纹小圆环，外面出雕三条姿态相同的独角龙。三条龙按顺时针方向呈爬行状，动态感十足。这件玉饰雕刻难度极大，透雕出的玉器主体都是很细的线条形，受力能力低，极易在作业过程中断折。它的造型和工艺在整个春秋战国也是首屈一指的。

社会的动乱，改变了人们的道德观念，也改变了人们对玉器的认识。礼法的缺失和精神的解放固然给社会带来了一系列的弊端，但同时也让人们的思想迸发出激烈的火花，在政治文化上掀起了一场场革新，如春风一般吹开了玉器艺术的花朵。

德玉时代，经典万古流芳

春秋战国是分裂和动乱的时代，也是变革和进步的时代，奴隶制度在这段时期瓦解，封建制度在这段时期建立。孔子试图恢复陈旧的奴隶主阶级的宗法制度，却在探索中，不知不觉地为新兴的地主阶级士大夫们找到了一件新式武器——君子道德观。君子道德观比附于玉，承载于玉，形成全新的玉德观，它将人性从严苛的宗法桎梏中解救出来，为新秩序的建立奠定了思想基础。

玉德学说不但成为中国玉文化源远流长、经久不衰的关键原因，也为当下这个时代的玉文化发展输入了新鲜的血液，产生一系列连锁反应，带来了全新的变化。

首先这一时期的人们对玉石的认知起了根本性转折。以前人们把一切美丽的石头都当成是玉，经过孔子的解读人们才知道，

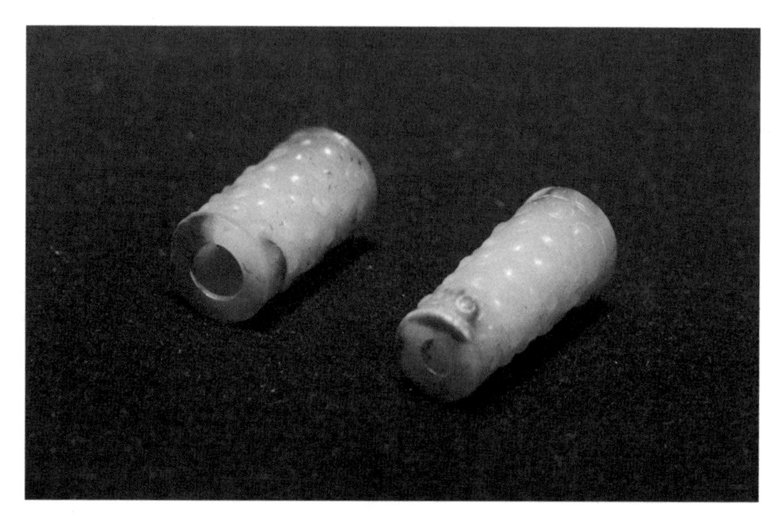

玉管形饰

玉和石是有根本分别的，玉不再仅仅是美丽的石头，它还是有德性的。玉和玉之间也是有分别的，根据它的德性标准，玉有优劣好坏之分。只有包含十一种德性的玉，才能称为“真玉”，而“真玉”只能是和田玉。所以，孔子的玉德观，直接奠定了和田玉在中国“玉中之王”的至尊地位。和田玉从此成为中国玉雕的首选之材，它同中国玉文化亲密结合起来，相互依托相互促进，一直携手走到今天。

春秋战国的君子们要以使用代表君子德行最高标准的真玉为荣，所以他们对玉器品质和工艺的要求大大提升了，于是材质温润纯洁、雕工细腻精湛、造型灵活优美、纹饰繁复华丽、风格高雅灵秀的玉器大量涌现。这客观上促进了玉雕技术的进步和玉文化的再一次繁荣。

玉器的财货属性在春秋战国时期也被更进一步放大。从礼法中解放出来的玉，不再受到玉府、丱人等部门的监管，可以肆无忌惮地在上流社会的人们之间流通了，于是社会上买卖玉石的交易变得像普通货物交易一样。

战国的白圭、吕不韦，都是富商大贾。吕不韦更是以巨富之身，实现了巨贵之权的梦想，他的发迹就有贩卖玉石的功劳。《战国策·秦策》有一段记述："吕不韦谓父曰：耕田之利几倍？曰：

白玉双龙璧形饰

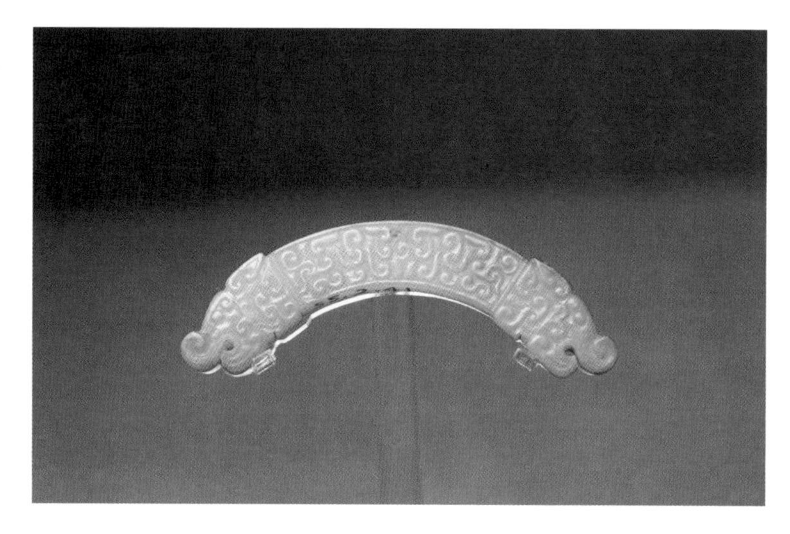

玉云纹龙首璜

十倍。珠玉之赢几倍？曰：百倍。”玉器珠宝生意获利之丰厚，远远超过农产品，这是时人非常看重的生财之道。

玉德观深入人心，“比德于玉”的故事也在春秋战国时期不断上演。周王室有“苌弘化碧”的故事，秦国有“弄玉吹箫”的故事，虞国有“怀璧其罪”的故事，齐国有“管仲射钩”的故事，鲁国有“麟吐玉书”的故事，宋国有“子罕辞玉”的故事，楚国有“卞和献玉”的故事，魏国有“窃符救赵”的故事，赵国有“完璧归赵”的故事。

《战国策》记录了齐国“薛公献珥”的故事：齐威王的夫人

玉珥饰

死了，有七位侍妾都是齐威王所宠幸的。薛公田婴想知道齐威王要立七人中的哪一个做新夫人，于是献给齐威王的侍妾们七对玉珥（耳饰），并特意把其中一对做得格外漂亮。薛公只要在第二天看最美的玉珥给了哪位侍妾，他便知道要劝齐威王立谁为新夫人了。

《史记 · 吕不韦列传》还记录了秦国一个“刻符约嗣”的故事：异人是秦国安国君的儿子，安国君有机会当上秦王。吕不韦对异人政治投资，他得知安国君还没有立嗣，而安国君的宠姬华阳夫人没有儿子，就劝华阳夫人协助异人为嗣。华阳夫人于是在安国君面前哭诉，说自己没有儿子没有依靠，希望认异人为儿子，

玉龙纹璜

并请求安国君立他为嗣。安国君同意请求，并在玉符上刻下了立异人为嗣的誓言。这样，异人成功获得登基为王的机会，而吕不韦也得偿夙愿，由商入仕。

玉德观掀起了全社会崇玉、爱玉、佩玉的浪潮，玉也渐渐成为美好的代名词。春秋战国时期最重要的文学著作《诗经》《楚辞》中歌颂、赞扬玉的句子比比皆是。《诗经·野有死麕》："白茅纯束，有女如玉。"《诗经·竹竿》："淇水在右，泉源在左。巧笑之瑳，佩玉之傩。"《诗经·白驹》："生刍一束，其人如玉。"《离骚》："驷玉虬以椉鹥兮，溘埃风余上征。""扬云霓之晻蔼兮，鸣玉鸾之啾啾。"《涉江》："吾与重华游兮瑶之圃，登昆仑兮食玉英。”《东皇太一》：“瑶席兮玉瑱，盍将把兮琼芳。”《湘夫人》：“白玉兮为镇，疏石兰兮为芳。”玉德观不但开启了佩玉的新风尚，也开启了玉文学的新历程。

从西周到东周，虽然在统治秩序上是一立一破，但是在社会发展上是走向了新时代。从礼玉时代到德玉时代，不是谁打败了谁，也不是谁取代了谁，而是随着社会的发展，人们的哲学观念、美学观念、生活习俗、相处方式如同建造一座房屋一样，在叠加，在积累，在进步。

郭宝均《古玉新诠》中这样总结周代的玉器：“两周人对玉器尤为重视，既联合璧、璜、冲牙组为杂佩，复抽绎玉之属性赋以哲学思想而道德化，排比玉之尺寸赋以等级思想而政治化，分别上下四方赋以五行思想而迷信化。”是的，人们曾经赋予玉的神权属性、礼法属性并没有消失，而是作为新的人文属性的基础，仍在为玉文化的发展输送着养分。

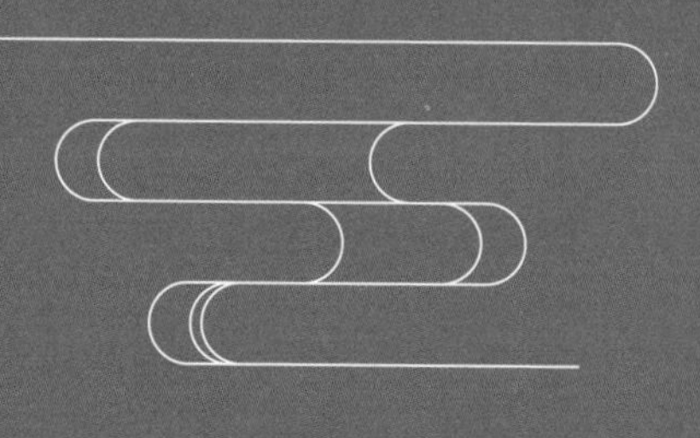

金缕玉衣

汉王死后世界

汉墓中的玉衣种类很多，它是贵族阶层死后的专用丧服。玉质、金质的衣服给死者穿戴，埋入地下，也说明了汉代殓葬之风达到了无比奢华的程度。

玉玺制度的王玉巅峰

春秋战国长达五百多年的割据分裂局面，终于在公元前221年画上了句号。秦王政以横扫六合、包举宇内的气势，灭掉了六国，统一了天下，之后北击匈奴，南服百越，建立起大秦帝国的不世功勋。

秦王朝开启了中国历史上的许多第一次，比如统一度量衡，统一货币，书同文，车同轨。它将日常生活到庙堂政治，都纳入皇权之下。然而严刑峻法的统治策略并没有保证秦国的万世传递，仅仅二世它就被摧毁了。汉高祖刘邦以高龄开创了汉朝的基业，他和前几代子孙都吸收了秦王朝的教训，经过“文景之治”的休养生息，百姓逐渐从战争的创伤中走出来，渐渐的，物阜民丰，四海承平。到了汉武帝时期，开疆拓土，举贤任能。终于，中国历史上灿烂的煌煌大汉出现在世界的东方。

透雕龙纹璧

尽管秦“二世而亡”，但是作为“礼崩乐坏”之后第一个大一统的王朝，重新确立皇朝的统治规范，成为秦朝官僚们的当务之急。焚书坑儒之后，“先破而后立”的过程只完成前半部分，江山已然变色。汉代从“文景之治”开始到汉武帝时期，经过了“黄老之学”到“罢黜百家，独尊儒术”的发展，终于从政权的架构到礼法的恢复，都重新构建完整了。这种从庙堂到江湖的改变，同时深刻地影响了秦汉时代玉文化的发展。

在玉文化发展史上，秦到汉政权的更迭与巩固，促使玉器的发展迅速从低迷期飞跃到一个新的高潮期，也加快了玉文化理论在汉代得到继承和发展。此时，大一统的王朝也让王玉达到了它的鼎盛时期。

王玉自然是用强大的王权来体现，秦始皇开始，玉的王权属性就被千古一帝盖棺定论了。秦始皇只用一件玉器，开启了王玉的巅峰时代，那就是秦代最有名的玉器、数千年来皇权的终极象征——传国玉玺。

秦始皇统一天下之后，首称“皇帝”，并下令镌造新的皇帝玉玺，称为“天子玺”。这颗传说由蓝田玉雕琢而成的至宝，方圆四寸，有人说玉玺上有螭虎纽，也有人说是龙鱼凤鸟纽。当时正炙手可热的政坛明星丞相李斯，在玉玺正面留下了自己的痕迹，

玉印、水晶印

篆书“受命于天，既寿永昌”八个字。这方宝玺在历代王朝被传递、争夺，被称为“传国玺”。从此，传国玉玺成为皇权的重要象征。仿佛据有传国玉玺，就是“受命于天”，而失去传国玉玺，则预示着王朝“气数将尽”。

传国玉玺，是国家政权统治合法性的象征，它拥有的价值，早就远远超过了作为一块普通宝玉和一块普通印信的价值。除了传国玉玺外，秦始皇还建立了玉玺的制度，规定只有皇帝的印信能称为“玺”，臣子的印信只能称为“印”，而只有皇帝的宝玺能用玉雕刻，臣子们的玉只能用其他材质。当时御制的印玺有六方，称为乘舆六玺。东汉时的《汉旧仪》一书中记载道：“皇帝六玺，皆白玉，螭虎钮，文曰：皇帝行玺，皇帝之玺，皇帝信玺，天子行玺，天子之玺，天子信玺，凡六玺。”秦始皇创立的玉玺制度也被汉朝皇帝们继承，并被历代帝王效仿。

秦汉时期的玉玺实物也有不少，但多为诸侯王的印玺，只有其中一件白玉螭虎钮小玺，因其传奇性而受到广泛的关注。

1968年的一天，咸阳市一位小学生在放学路上捡到了一块石头，石头洁白剔透，上面还刻着几个字和一个神奇的小动物。这枚被小学生捡到并在手上把玩了很久的小石头，后来被专家发现，经过深度考证，终于确定了真实身份，它竟然是汉高祖刘邦的皇

皇后之玺

后——吕后的皇后印玺。

吕后的印玺是用质量极佳的羊脂白玉雕刻而成，玺面阴刻篆体字“皇后之玺”。两千多年前，汉高祖刘邦死后，吕后专权，她虐杀戚夫人，诱杀韩信，手中这枚皇后之玺，起起落落间，不知道有几多人头落地，又有几多人飞黄腾达。这枚珍贵的吕后印玺的发现，弥补了历史上出土皇后之玺的空白，这是当时出土的第一枚皇后玉玺，也是迄今年代最早的一枚皇后印玺。

玉匣制度的身后永恒

王玉到达巅峰的时代，一个表现是玉玺制度的建立，而另一个表现则是玉匣制度的建立。玉匣制度，又称玉衣制度，是汉代葬玉系统的代表。

任何一个伟大的时代，若有所变革，必是在沿袭旧制精华的基础上进行创造，秦汉时期的玉文化同样如此。秦汉时期的贵族，仍然沿袭了夏商周以来以玉陪葬的习俗。古时人们对死亡存在着恐惧，生前总想长生不死，当希望破灭后，开始感悟人生难免一死，因此退求其次，希望死后身体不朽，并在另一个幻想中的世界里得到永生，而古人对玉的神秘性和不朽性认识的不断深化，成就了葬玉的崇高地位，这种风俗也延续数千年直至清代。

二十世纪五十年代，在湖南长沙左家塘秦墓出土的谷纹璧，

玉覆面

边侧面刻“四百十七”四字，这也是迄今为止唯一一次发掘出秦代的有铭编号玉器。铭文说明三个问题：陪葬玉器中的一类器物可达四百多件，可见秦代随葬玉器的规模已相当可观；编号玉器是宫廷所用，反映了秦时统治阶级的崇玉观念；把玉器编上号码，可能是制作、管理与收藏玉器的一种制度。有铭编号玉器的重要价值还在于，它是战国有铭编号玉器的延续和发展，汉代也曾出现有铭编号的玉璧、玉璜；直至明清时代，宫廷用玉中，仍保留了这一传统。

与先秦时期陪葬风俗中以活人殉葬的残酷制度不同，秦时的陪葬，有大量的人俑出现。俑的使用，并非始自秦代。孔子曾在《礼记·檀弓下》中论俑说：“善谓为俑者不仁”，证明春秋时已经有人俑出现。《孟子·梁惠王上》说：“（俑）为其像人而用之。”后世人注释到：“俑，偶人也，用之送死。”这就点明了造俑的本意，目的是替代活人殉葬，以供陪送死者之用。秦人有以陶制俑的习俗，秦始皇陵的陪葬坑中也都是陶俑。但是，在西安北郊的联志村秦墓中，出土了两件玉人俑，一为有胡须的男像，一为女像。玉人造型极为简括，仅有头部刻画，形象质朴，表情呆板，很可能是男女侍从或家奴的玉像。这两件玉人应是专用于随葬的玉俑。

当大汉王朝的时代到来后，中国的又一个玉文化繁荣期也随

长沙马王堆汉墓帛画

之到来了。汉室崇玉，生者佩玉、食玉；亡者裹玉、填玉。甚至在帛画、墓砖上，都饰以玉璧图像。圆璧有助于灵魂通天的观念，此时发挥至极。

长沙马王堆汉墓曾出土一幅T字形帛画，它是用于招魂、导引的非衣，画面自上而下描绘了天国、人间、地府的景象，体现了汉代人对生与死的思考。帛画中绘制龙凤虎鹿等多种祥瑞图案，在人间与地府的交界处，是两条长龙穿过玉璧相环，璧下悬着大块玉璜。汉代人认为玉器能防止身体腐烂，璧和璜又是沟通天地神灵的法器，帛画中的玉璧和玉璜似乎起着隔绝阴阳、沟通天地、引导飞升的作用。

因国力强盛，汉代随之兴起了厚葬之风，丧葬玉器更成为这时期玉器的代表。汉代的葬玉，在战国的基础上有了新发展，品种更加丰富，造型更加多样，并形成了特定的葬玉制度，可以说是葬玉文化的顶峰。汉代葬玉主要有玉琀、玉握、玉塞、玉幎目和玉衣等。

汉代将厚葬时用的玉，称为“殓玉”。《类篇》说：“殓，衣死也。”所谓殓玉，指直接与尸体接触入葬的玉器。当时的人认为“玉润而洁，能和百神，置之墓内，以助神道”。这些法力非同一般的玉，聚了一切求福免灾的要求和愿望，同时它们还有保护尸体的功能。

殓玉中的琀玉，指的是放在死者口中的玉。《增韵》中说：“凡物之至纯者皆曰精。又古者以玉为精。”《说文·玉部》中说：“琀，送死口中玉也。”其实琀玉现象，在新石器时代就出现了，发展到汉代，成为贵族葬礼中的一种重要仪式。琀玉为碎玉，都是残玉小块，很少有整玉的出现，代表着为死者招魂，希望灵魂得到永生。除碎玉之外，玉蝉也是汉代琀玉中常见的随葬玉器。因为在古人的观察下，蝉是由蛹蜕变而来，先是从地下破土而出，然后脱壳，最后羽化飞到天上。这简直就是用实际行动表演了古人想象中的灵魂飞升过程。所以死后口中含蝉，是希冀死后也能借助蝉的这个特殊功能，破土而出，羽化成仙。《抱朴子•论仙》就说：“下士先死后蜕，谓之尸解仙。”

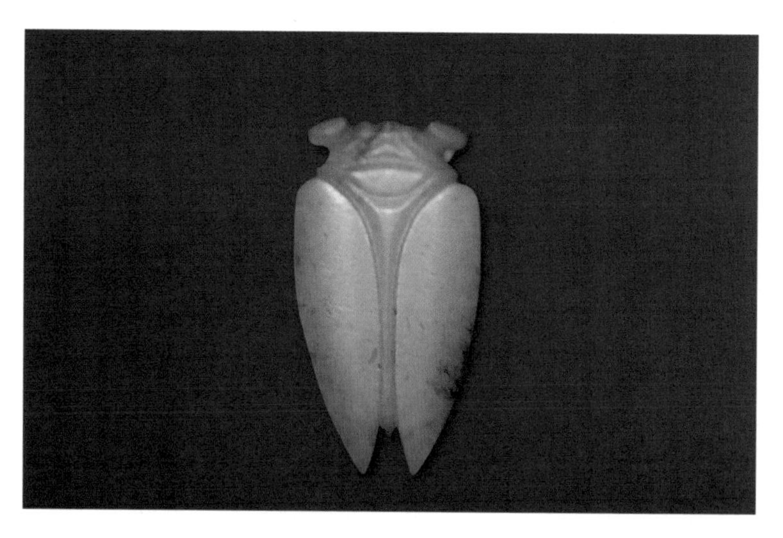

玉蝉

殓玉中的玉塞习俗，则是给死去的人体完成了封存。玉塞又叫窍塞，要在眼、鼻、耳、口、肛、阴共 9 个孔窍处都塞上玉器，称“九窍塞”。玉的材质千年不坏，用玉塞窍，也是借用玉坚缜不朽的特性让尸体不腐，同时还能阻止人体精气外泄，让肉身长存，这显然是被道家的观念左右了，正如《抱朴子·对俗》所载：“金玉在九窍，则死者为之不朽。”

玉握，是死者手中所握的玉器。西汉墓中出土的玉握多为璜形玉片和玉猪两种，东汉的玉握变成玉猪一枝独秀，猜测可能是猪象征着死者生前的财富。《齐民要术》引《杂五行书》：“悬腊月猪羊耳，著堂梁上，大富。”猪，是富贵人家才能圈养的动物。

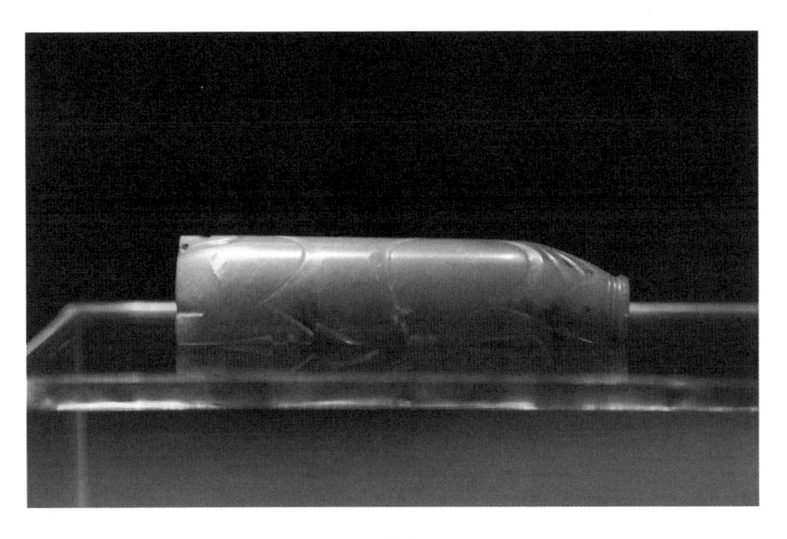

玉握猪

所以死后带着象征财富的猪，在另一个世间继续享受，也是时人的美好愿望。

殓葬文化中有一种做法叫“幎目”，是用黑色的丝绸覆盖死者的脸。幎目之上往往缝系玉片，一块块玉片组成面目五官的形象，因此称为玉覆面。玉覆面又叫玉幎目、玉掩面，它是后来出现的玉衣的雏形。

玉衣，是汉墓中最为珍贵的、最为大型的殓葬玉，玉衣只是

刘胜墓金缕玉衣、铜枕、窍塞、握璜

现代人的俗称，在古籍中它被称为“玉匣”“玉柙”或“玉椑”。汉墓中的玉衣种类很多，它是贵族阶层死后的专用丧服。玉质、金质的衣服给死者穿戴，埋入地下，也说明了汉代殓葬之风达到了无比奢华的程度。

玉衣上穿缀的玉片有各种形状，如方形、长方形、条形、圆形、三角形等。玉片边缘钻有数个小孔，用金缕、银缕、铜缕或丝缕穿系，相互串联编成完整的人体形状，可将尸骨放入殓葬。根据死者等级尊卑，又按缀连所用缕线材质的不同，分为金缕玉衣、

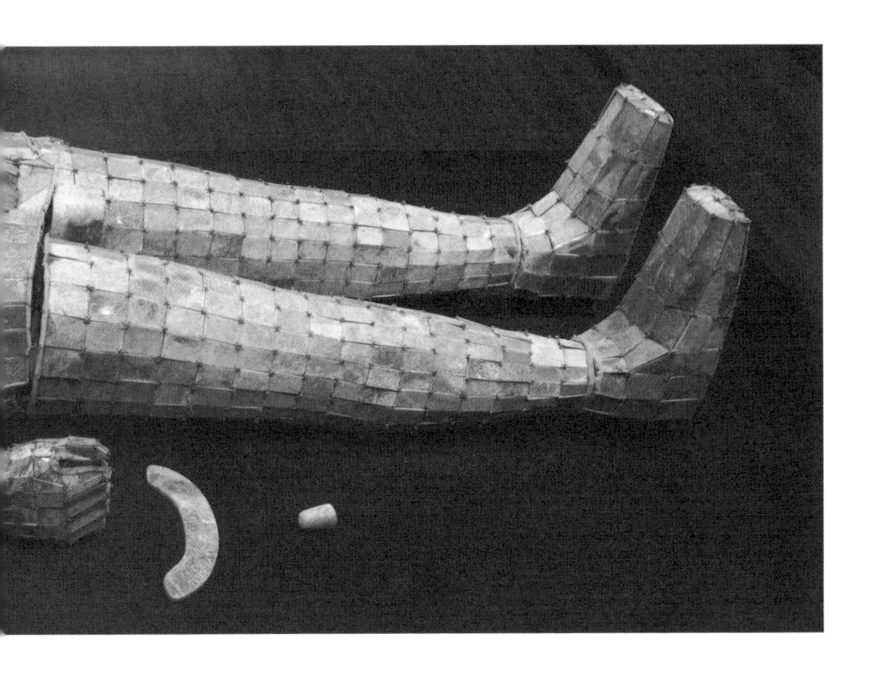

银缕玉衣、铜缕玉衣和丝缕玉衣等。这种按照等级使用玉衣的制度在东汉时期才最终确立，被称为玉匣制度。

自从1968年河北满城刘胜及妻窦绾墓出土两件金缕玉衣后，全国各地相继发现的玉衣有七八十件，可见此种葬制在当时非常普遍。广东广州象岗的南越王墓、江苏徐州狮子山的楚王墓、河北定州的孝王刘兴墓、河北邢台南曲的炀侯墓、徐州土山彭城王家族墓、河南永城市梁王刘嘉墓所出金缕玉衣，都是十分精美的玉衣典型。

玉衣使用起自西汉早期，到东汉末年废止不用。制作一件玉衣大概需要用十数年时间，所需费用相当于一百户中等人家的家产总和，可谓奢侈至极。魏文帝曹丕在位时，认为玉匣制度是一种“愚俗”，便下令取消了这种习俗，终于刹住了这一股浪费风潮，避免了更多的玉与金流入黄土的厄运。

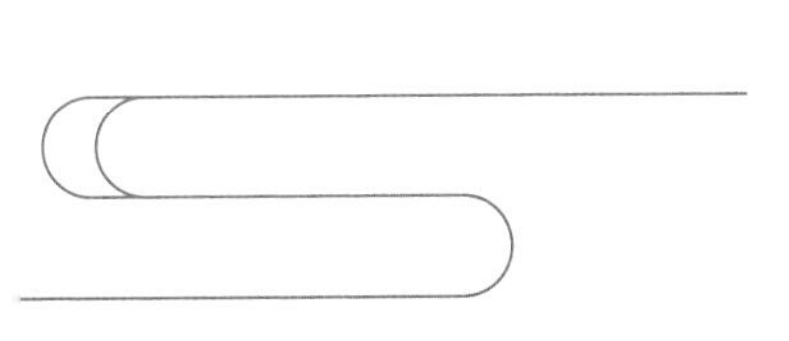

日常用玉的大国风范

秦朝是中国历史上第一个大一统王朝，而大汉王朝是整个汉族人文的集中爆发朝代，这个时期的艺术和审美对后世的影响绝无仅有。而之前开启美玉文化的春秋战国，虽然经历无数刀兵，仍然把自己时代的艺术和审美顺利地延续下来。

在这个基础上，汉玉又有了诸多的创新。乾纲独断的玉玺制度是针对帝王的，金光闪闪的玉匣制度是针对死人的。而汉代人日常生活中的用玉也颇多创新，包括用玉的品种、玉器的造型、纹饰的题材以及绝世的雕工。

汉代发展了圆雕、浮雕和透雕等造型技术，将游丝描雕应用得出神入化，将商周的阴线刻技术发展成举世闻名的汉八刀工艺，它们成为汉代玉雕能够大放异彩的技术基础。

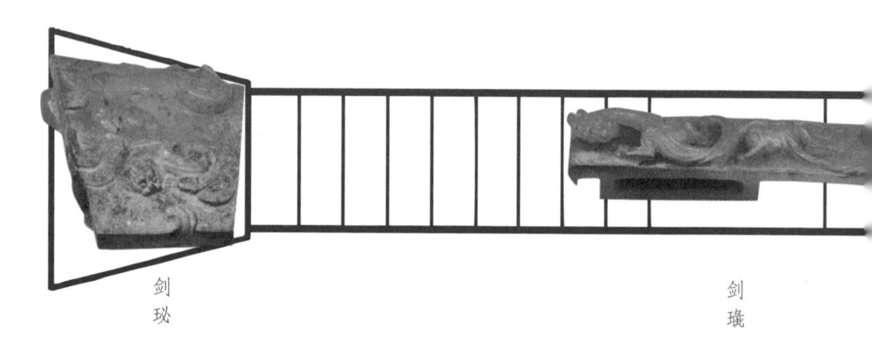

玉具剑

汉代装饰、佩戴玉器中的多层纹饰璧，工精貌美，不减战国时的风采。玉带钩和玉具剑都进入成熟期，用料上乘，造型优美，雕工精湛，抛光细腻，完全超出战国时期的琢玉水平。装饰、佩戴玉器的新品种有刚卯严卯、司南佩、女舞人佩、宜子孙佩等。

刚卯严卯，是流行于汉代的辟邪玉器，分刚卯和严卯两种，合称双印或双卯。双卯都是长方柱形，中间钻孔供穿系，表面刻

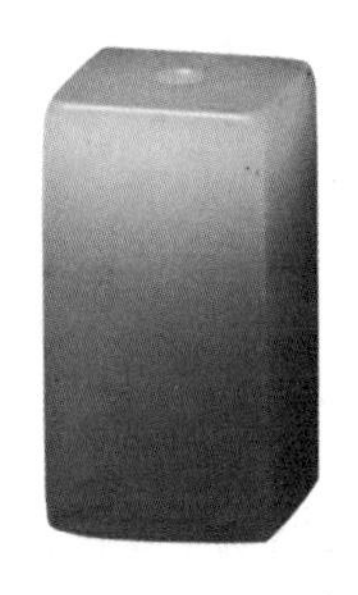

刚卯严卯

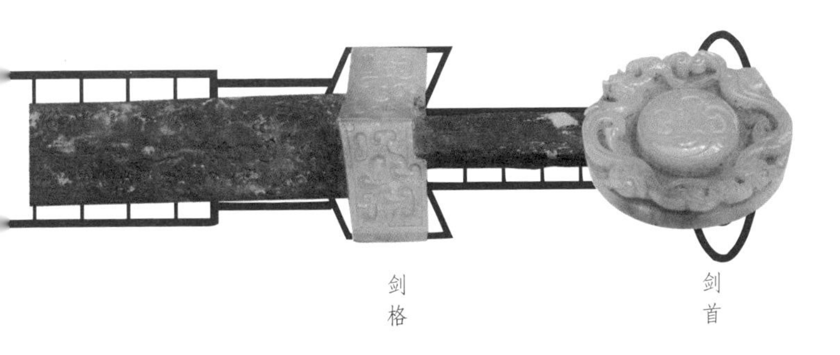

有祈祷的铭文，有“正月刚卯”的称刚卯，有“吉日严卯”的称严卯。双卯是汉代特有玉器造型，是一种辟邪文化的体现。

司南佩，同双卯一样是辟邪玉器。司南佩一般形若工字形，扁长方体，分上下两层，如同两个长方柱相连，腰部有凹槽，供捆绑。顶部琢出一小勺，下端琢一个小盘。它是仿照司南的样子而做，所以叫司南佩。司南是最早的指南针，汉代的占卜文化流行，司南是必不可少的占卜器具。

玉韘，是古代射箭时套在右手拇指上用以钩弦的器具，后来衍生出专门的韘形佩，是扳指的前身。《说文》解释：“韘，射也。”玉韘形如鸡心，俗称鸡心佩。玉韘最早出现在商代，在春秋战国时流行起来，而汉代时它已经完全蜕变成单纯的艺术品。汉代的玉韘往往在外侧出雕螭虎纹，造型优美，工艺高超，具有很高的

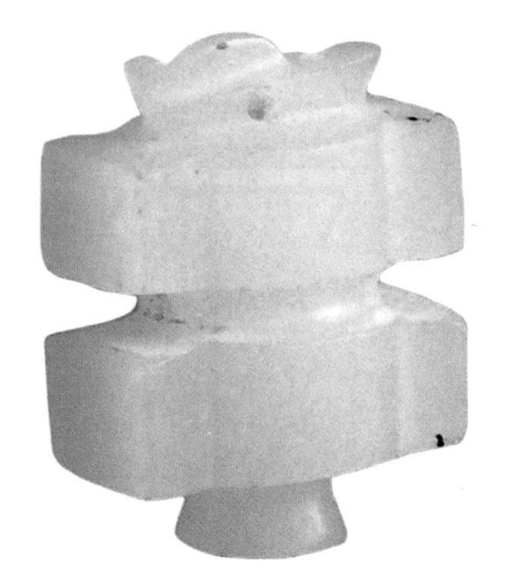

玉司南佩

玉韘形佩

审美价值。

汉代的起居用玉，也体现了崛起大国的风范。在继承了战国时期的玉器风格的同时，又开创了许多新的玉器造型和种类。起居玉器新品种有枕、卮、水丞、盒、镜、屏风等。观赏陈设器有豹、辟邪等。

虽然刚卯严卯、玉衣等新器种在玉器史上只是昙花一现，但有些玉器则在后世玉器中仍能窥见其身影，并有所发展创新，如玉辟邪，在魏晋南北朝时期，变身为大型玉石瑞兽雕塑，其文化传承的意义很高。

与前代不同的是，汉代玉雕中，和田玉原料的使用比例大大提高，能够出现这样的局面主要是因为：其一，汉帝国顺利经营西域，打通了东西两地交通，将新疆玉料源源不断运入中原；其二，由于道家信仰传播，阴阳五行思想盛行，赋予白色以吉祥寓意；其三，自西汉起，士大夫阶层将“尚白”观念与儒家“仁”学相提并论，提高了白玉的道德品性，同时也影响了时人的审美品位。《春秋繁露 · 执蛰》中说：“君子比之玉，玉润而不污，是仁而至清洁也。洁白如素，而不受污，玉美备者，故公侯以为贽。”公侯之间行相见之礼时，必执白玉互相馈赠，可见其流行的程度。

四灵纹玉铺首

以白璧作为礼品始于周代诸侯国之间的邦交，后来成为日常交往的信物，再后来则发展成了贵族之间的礼物。《荀子 · 大略》中载：“聘人以圭，问士以璧，召人以瑗，绝人以玦，反绝以环。”所以《韩诗外传》中记载了这样一件轶事，楚襄王闻听庄子的贤明，想要聘他做宰相，便派人送去了白玉璧一百双。

白玉璧同样在秦汉之交的最高政治舞台上起了关键的作用。楚汉之争时，为了杀掉刘邦，项羽大摆鸿门宴。当刘邦于酒席上不辞而别后，张良急忙入门为刘邦推脱，说刘邦不胜饮酒，无法前来道别，并向项羽献上白玉璧一双，项羽随即收下了礼物，不再追究刘邦不告而别的事情。张良选择此时献上白玉璧，自然是因为白玉是最高贵的珍品，只有馈赠白玉璧才能代表最高的敬意。而贵族君子情结浓厚的项羽，因为见张良献上最高等级的白玉璧，便不忍心痛下杀手。当时君子、贵族，受到的都是守礼守节的教育，如果他无视这些君子交往的礼节，执意杀掉刘邦，一念之别就有可能将汉朝历史改写了。所以可以说项羽败在了一双白玉璧上。

同样是鸿门宴上，刘邦没有逃走之前，项羽的谋士范增，恐怕项羽不忍心杀刘邦，曾取出身上所佩戴的玉玦，在项羽眼前晃动。因为“玦”与“绝”“决”同音，他想以此提醒项羽痛下决心。但他两次用玉玦暗示项羽赶快动手，可惜项羽都对此视而不见。西楚霸王项羽这位一代英豪，因为谨守着贵族之间交往的小节，却错过了谋取胜利的大行。中华民族历史走向的两种可能性，就在两件玉器交错之间，尘埃落定。

战国基础上发展出来的秦汉玉器，展现出浓厚的大国风范和生活气息，奠定了中国玉文化的发展格局。汉代的玉雕完全摆脱了宗教、礼仪的束缚，走向了艺术化、个性化和生活化的新高度，是中国玉器发展史上的又一个高峰。

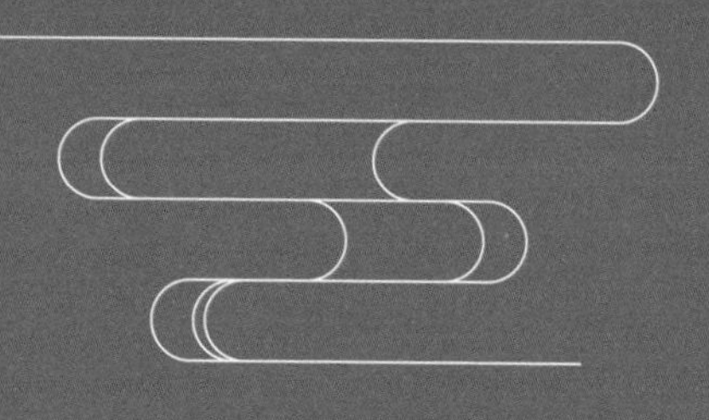

第七章

玉亦仙药

魏晋士族的解脱之道

“

正是由于食玉文化的过渡，魏晋之前，高高在上的玉器，终于不再是纯粹王权或者神权的象征，落拓不羁的士人们将玉文化从祭坛和庙堂之上拉了下来，让玉进入了民间，民玉时代也呼之欲出了。

食玉之风：全民焦虑时代的修炼

天下大势合久必分，分久必合。秦汉大一统之后，魏晋南北朝时期，时代政治的两大关键词是“乱世”与“门阀”。这一时期包括三国、两晋、十六国与南北朝各朝代，政权更换频繁，战事不断，是中国历史上最为纷乱的时代之一，以至于在两汉时期达到高峰的玉器制作，此时也陷入了低迷。

魏晋南北朝时期玉器制作难以为继的原因很复杂，包括：用玉习俗的改变；战乱导致颠沛流离，匠人们没有精力再去精雕细刻；战乱阻断了昆仑山的玉石运入中原的玉石之路，玉料减少，匠人们无玉可琢。所以，后世不论是从史料记载中，还是文物发掘中，魏晋时期的玉雕作品都是少见的。

虽然玉器制作陷入了低迷，但是玉文化的发展还在继续。后

青玉螭纹板

人在历史文献的字里行间，终于能够串联起魏晋时期玉石去向的蛛丝马迹。除了继承自古代的葬玉习俗，成为魏晋时期典型用玉传统的，便是在道家玄学兴盛之时，流行起来的食玉文化。

在“乱纷纷，你方唱罢我登场”的年代里，有人看到的是纷乱，有人看到的是飘逸。这种思想的飘逸源自儒家文化的没落与道教的兴起。而道教兴起，则是来自对世界的失望和对自身的焦虑。在门阀制度为入仕唯一途径的年代，文人不能通过自己的才华和学识实现阶层的上升，便转而由东汉末年兴起的道教中寻求精神的慰藉，除了研求经典中的玄学修真之术外，食玉之风也在此时兴起了。

青玉素面佩饰

关于食玉，在中国古代典籍之中早有记载。《山海经·西山经》说道：“丹水出焉，西流注于稷泽，其中多白玉，是有玉膏，其原沸沸汤汤，黄帝是食是飨。”说明被尊为华夏始祖的黄帝就已经将玉当成食物。《周礼·玉府》也有记载：“王齐，则供食玉。”说明周代就有专门供皇帝食用的玉，这种食玉活动应该是祭祀礼仪的一部分。

正是因为上古传统的影响，到秦汉时期，方士们开始以丹药玉屑作为延年益寿的仙方，开启了食玉的先声。这种以食玉为不死之药的思想，对于后世道家方士炼制金丹玉液之类的长生药起到很大的影响。《列仙传》中更明确指出食玉是成仙的重要途径之一，赤松子就是因为“服水玉”，从而达到“能入火自烧，随风雨上下”的神迹。在出土的汉代铜镜铭文之上，也刻有“上大山，见神人，食玉英，饮醴泉，得天道，物自然，驾蛟龙，乘浮云”，还有“尚方作镜真大好，上有仙人不知老，渴饮玉泉饥食枣，浮游天下遨四海，寿如金石为国保，宜侯王而兮”的文字记录。从这些文字之中可以窥见汉代人期盼长生不死和对神仙世界的向往，也认识到了玉类矿物质对于人体的健康保健作用。

食玉之风兴起和中国道教的发展有密切联系。在道教庞大的思想体系中，始终贯穿了一根信仰的主轴，那就是相信宇宙生命由“道”演化而来，相信人通过自身努力可以达到与道合真、长生不死的神仙境界。而玉是延年益寿的药物，所以从三国两晋南北朝时期开始，食玉之风逐渐兴盛起来，堪称中国玉文化史一大奇观。

“玉为仙药”的食玉思想到了魏晋南北朝时期，在神仙信仰和道教的影响之下发展到了极致。从帝王贵族到普通的文人武士，人人都笃信食玉可以让自己成仙得道获得永生，从而四处寻玉，将历朝历代的古玉都拿来食用，甚至从坟墓之中挖掘出古玉器来食用。屈原在《涉江》中写道：“登昆仑兮食玉英，与天地兮同寿，与日月兮齐光”，他也在期盼登上巍峨的昆仑山，服用玉羹，和苍茫天地同寿，和璀璨日月同辉。汉代《神农本草经》更是表明“玉屑”的奇效，“人临死服五斤，死三年色不变”。

东晋时期的道教学者葛洪是食玉成仙思想的提倡者，他在《抱朴子内篇·仙药篇》中明确提出：“玉亦仙药，但难得耳。”在葛洪看来，“仙药之上者丹砂，次则黄金次则白银，次则诸芝次则五玉。”玉和金石类矿物都被视为仙药之中的“上药”，所具备的神奇功效也就被无限放大崇敬。南北朝时期的名士陶弘景也极为推崇食玉养生，认为玉石可以和丹药一起修道成仙。到唐代，道教神仙思想继承了魏晋时期的传统，食玉之风依旧盛行。至宋代，神仙道教中的金丹派才逐渐式微，玉石通神升仙的作用才逐渐减弱。

青玉兽

通过食玉来达到养生、升仙的目的，将玉作为仙药，古人还专门研制出了一套相应的食玉之法。首先，所食的玉是有所讲究的，“不可用已成之器，伤人无益，当得璞玉，乃可用也。”他们认为璞玉的药效是最好的。其次，葛洪在《抱朴子内篇·仙药篇》还专门介绍了食玉的方法，先要用乌米酒及榆化为水，以葱浆消之为饴，饵以为丸，烧以为粉。如果遵循这样的一套法则来食用，就可以收到“服之令人身飞轻举，其命不限”的效果。葛洪明确提出“服金者寿如金，服玉者寿如玉”“服之一年以上，入水不沾，入火不灼，刃之不伤，百毒不犯”。

在食玉求长生的过程之中还有一些禁忌，葛洪便曾经提出，

青玉骆驼

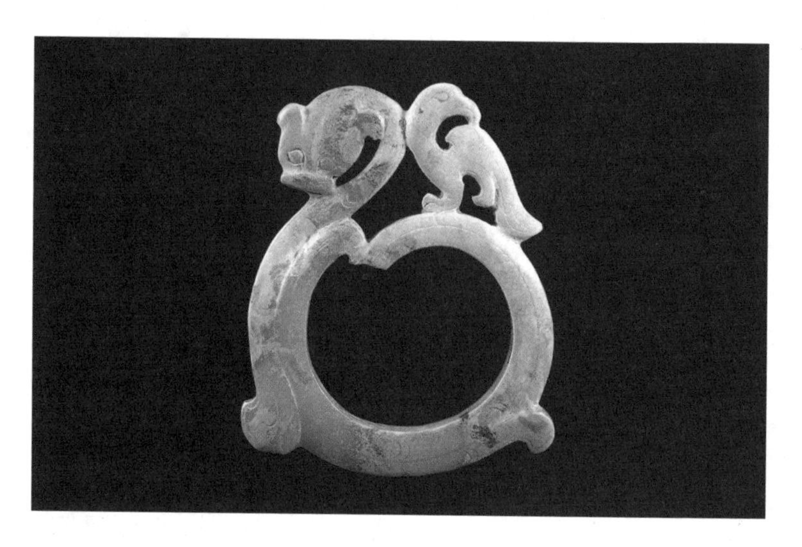

玉龙凤形佩

“服玉屑者，宜十日辄一服雄黄丹砂各一刀圭，散发洗沐寒水，迎风而行，则不发热也。”即是提醒那些服用玉屑的人最好十天服用一刀圭雄黄和丹砂，而且需要披头散发，用冷水沐浴、迎风走路，以便散发身体的热量，避免产生副作用。

《魏书》记载，任职征西大将军长史的李预“羡古人餐玉之法，乃采访蓝田，躬往攻掘，得若环璧杂器形者大小百余”。李预将这大小百余玉器都带回家中，“推七十枚为屑，日服食之，余多惠人”。除了一部分送人之外，将七十多件都碾成玉屑来服用，并且“云有效验”。虽然当时他自称有一些效果，但后来李预还是生病了。

李预临死之前，对自己的妻子说：“服玉当屏居山林，排弃嗜欲，或当大有神力，而吾酒色不绝，自致于死，非药过也。”他认为是自己没有禁绝酒色才导致食玉的效果不如人意，并且坚信自己死后尸体必然和其他人不同，所以要求妻子不要急于下葬，“令后人知餐服之妙”。李预死时是七月，长安城气候炎热，他的妻子遵照指示停尸四天，“而体色不变”。李预的妻子想将两枚玉珠放入尸体的口中，但却打不开他的口，于是便问：“君自云餐玉有神效，何故不受含也？”话刚说完，尸体便张开口含了玉。当他出殡的时候“举敛于棺，坚直不倾委”。李预“死时犹有遗玉屑数斗”，他的妻子“橐盛纳诸棺中”，为他陪葬。至死都坚信食玉成仙之说的李预，将自己的死因归罪于没有严格遵循“餐

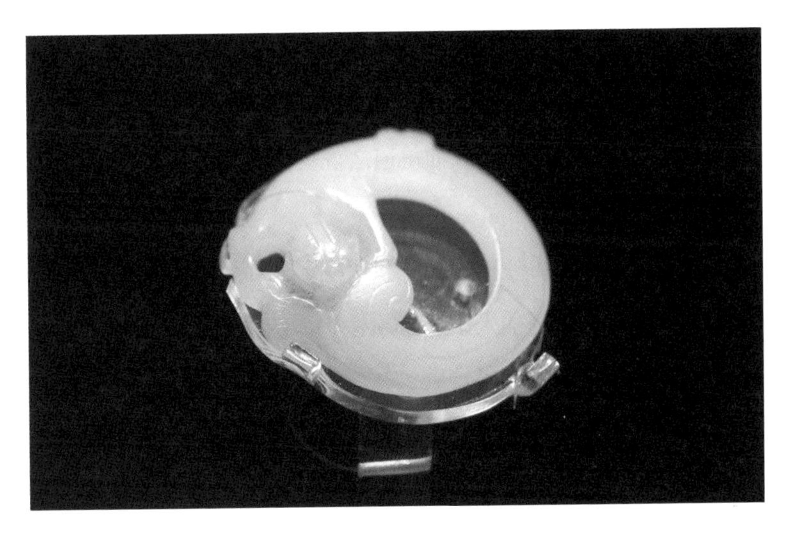

螭龙形饰

玉之法”。虽然玉具有微量元素或对人体有益，但食玉可以让尸体不朽，都是被夸大和神话的结果。

食玉之风盛行的魏晋时期是将玉和医疗、养生结合起来的一个高峰期，之所以会有这一风气和当时特定的历史背景、社会思想有很大关系。这一阶段关于黄帝、西王母和蓬莱仙岛的神仙思想走向了实践化，神仙思想的传播者、主持者集于一身的神仙方士集团大规模兴起，让这种思想得到了广泛的传播，为之后的食玉思想兴盛奠定了社会思想基础。而魏晋时期，时代动荡不安，战火硝烟四起，这样的社会背景之下士大夫阶层感叹人生苦短，向往无忧无虑的神仙生活，起源于东汉末年的道家追求长生不死、羽化登仙的说教也迎合了他们的精神需求。作为永恒象征的金玉成为人们崇尚的对象，服用金玉仙药不仅可以让身体健康还可以长寿不死，神仙思想传播的同时道家还推出了一系列服食仙药、修炼道术的成仙之路，让成仙得道之说变得切实可行。

道家神仙人人可致的思想不仅吸引了帝王和贵族阶层，更让士大夫和平民百姓都加入了追求永恒生命的队伍。一代枭雄曹操曾经创作很多神仙题材的诗歌，在《气出倡》中他写道：“行四海外，东到泰山。仙人玉女，下来遨游。骖驾六龙饮玉浆。河水尽，不东流，解愁腹饮玉聚。”“闭其口但当爱气，寿万年，东到海与天连。神仙之道，出窈入冥，常当专之。”诗中所描写的

白玉飞翼兽

神仙和仙境都洋溢着追求生命永恒价值的热切渴望，就算是枭雄，在生死问题上也陷入了和常人一样的困顿之中，虽然深知永生不灭不可求，也希望通过服食饵药来延年益寿。

晋代方士文人郭璞博学高才，通晓古文奇字和阴阳历算，《晋书·郭璞传》记载他“好经术，博学有高才，而讷于言论，词赋为中兴之冠”。他还曾经注释过《山海经》《穆天子传》等古代典籍，有崇尚神仙思想。郭璞所做《游仙诗》中描绘了自己对神仙生活的想象：“采药游名山，将以救年颓。呼吸玉滋液，妙气盈胸怀。登仙抚龙驷，迅驾乘奔雷。鳞赏逐电曜，云盖随风回。”诗中“仙人”观念的描述表示他愿意采集仙药，借此延年益寿，在山中呼吸玉气，都能够让人神清气爽。

南朝时期的史学家、文学家沈约笃志好学，博览群书，尤擅长诗文。在其诗作《奉华阳王外兵诗》中对食玉也有记载，诗云："餐玉驻年龄，吞霞反容质。眇识青丘树，回见扶桑日。烂熳屡云舒，嵚崟山海出。"诗中他直接点明食玉可以延年益寿，吸取彩霞的精华可以装饰容貌。"玉"和"霞"都汲取了大自然中的精华，是养神、养生的不二之选。沈约还是"神不灭"论的积极维护者，宣扬"养形可至不朽"。在《神不灭论》中他说道："生既可夭，则寿可无夭，夭既无矣，则生不可极，形、神之别，斯既然矣。然形既可养，神宁独异？神妙形粗，较然有辨。养形可至不朽，养神安得有穷？养神不穷，不生不灭，始末相较，岂无其人。自凡及圣，含灵义等，但事有精粗，故人有凡圣。圣既长存，在凡独灭。"通过这段论述，他明确表示神可以和形一样得到修炼，从而得到长存不灭。

雪泥鸿爪：魏晋时期的玉雕

随着道家文化的兴起，即使在保存不多的魏晋时期玉器中，也终于清晰地看到了那个年代具有的独特风格。总结起来，大致两点，一是反映道家文化的玉器样式和细节，二是在乱世中少数民族文化的渗透，在玉文化中的反映。

魏晋时期的玉器并没有出现可以称道的技术和造型，也很少创新，辟邪类和殓葬类是这时候的大宗，它们无疑都是跟道家思想紧密相连。魏晋时期的玉器努力去模仿和还原两汉时期的风采，然而无论是材质还是雕工都差了一段距离。

辟邪类玉器以瑞兽摆件为主，瑞兽都不是常见的动物造型，一般会在身体两侧雕出羽翼，面目也多呈狰狞之态，给人一种凶猛之感。瑞兽可能表达的都是神仙坐骑的意象，希望借此能够在

玉辟邪

死后飞升。

殓葬类玉器和佩饰类玉器几乎都是素面无纹的，雕工也比较简化，主人也许只是想借助于玉这种材质获得护佑，因此丝毫不在意它的艺术之美。

故宫博物院收藏的一件凤纹佩，来自南北朝时期，算是少见刻纹饰的佩饰。这枚片雕玉佩，上端呈“三圆山”形，正面用阴线雕出展翅的凤纹，旁边琢朵云纹和流云纹，背面琢流云纹。凤的形象舒展，身边又有祥云环绕，整体感觉优美。在那个战火不断的年代里，这枚玉佩展示着人们对于自由与平安的追求，人们

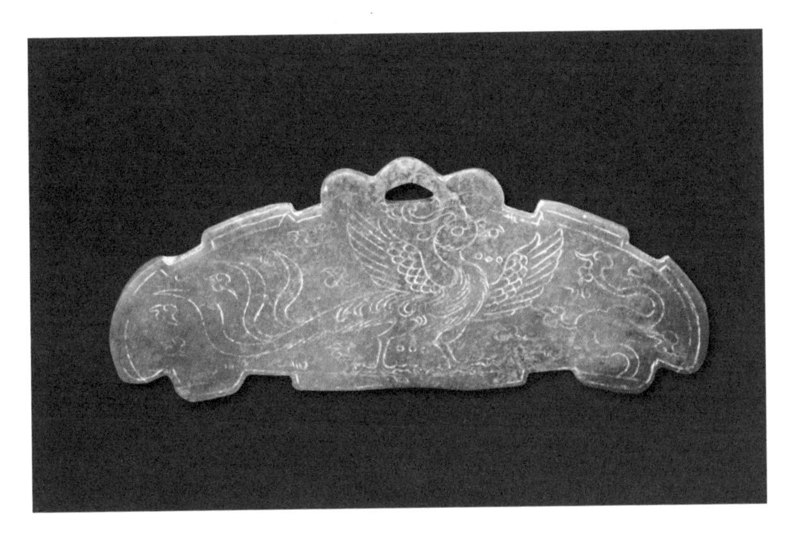

青玉凤纹佩

希望自己能够远离人间，如凤舞九天一般飘逸、飞升。既然战火连绵，人间已无净土，那就远离它吧，在道家的玄学中，追寻那或许真正存在的、长生不老的清净世界。

在陕西咸阳的北周墓群中，首次出土了蹀躞玉带。蹀躞玉带来源于北方少数民族，约在魏晋南北朝时期传入中原。它是一种功能型腰带，带有很强的收纳功能，可以悬挂水壶、钱包、扇子、香囊、刀、剑、乐器、箭袋和其他小工具等。多为皮质与金属材质，佩戴在腰带外侧。

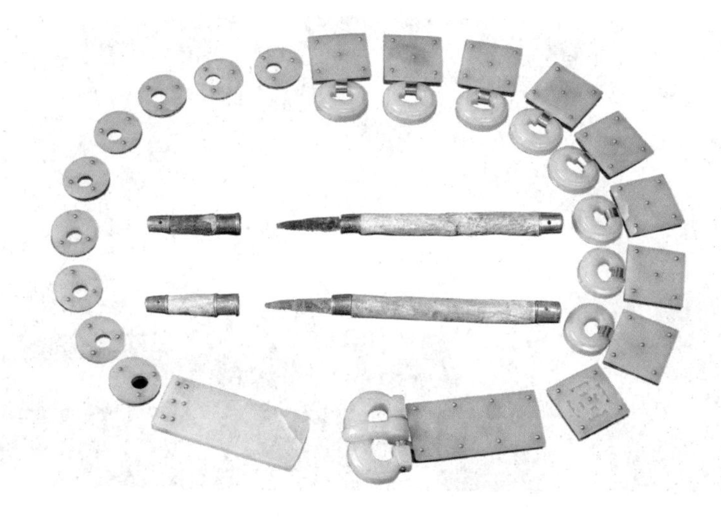

八环蹀躞玉带

到了隋唐时期，蹀躞的功能更加普遍，而大唐时期往来的胡人也比南北朝的时候更多了，这种原本属于少数民族的小装饰品，就在中原普及了，连皇帝也会用到。《梦溪笔谈》记载，天子用的蹀躞是有讲究的，必须以十三环为节。这也算是魏晋时期玉文化的一缕微小的贡献，在食玉等虚无缥缈的思想中，实用礼仪功能，也占据了这么一点小小的分量。

纷乱了数百年之后，随着陈后主向隋文帝杨坚的投降，魏晋南北朝终于结束，国家又重新统一了。迎面而来的，将是短暂的隋朝统治，当然还有至今令人神往的巍巍大唐。对于传承数千年的玉文化来说，魏晋时期的食玉之风，带给后世的当然不仅仅是玄之又玄的哲理玄思。正是由于食玉文化的过渡，魏晋之前，高高在上的玉器，终于不再是纯粹王权或者神权的象征，落拓不羁的士人们将玉文化从祭坛和庙堂之上拉了下来，让玉进入了民间，民玉时代也呼之欲出了。

魏晋之后，又过了二百年。诗人刘禹锡写下千古名句："旧时王谢堂前燕，飞入寻常百姓家。"这句诗是在讲述门阀制度的消失，也是在向后人讲述着玉文化在那个丧乱时代的转身。那些被王侯将相们专属的玉器，终于该进入寻常百姓家，成为真正供全社会享用的宝石了。

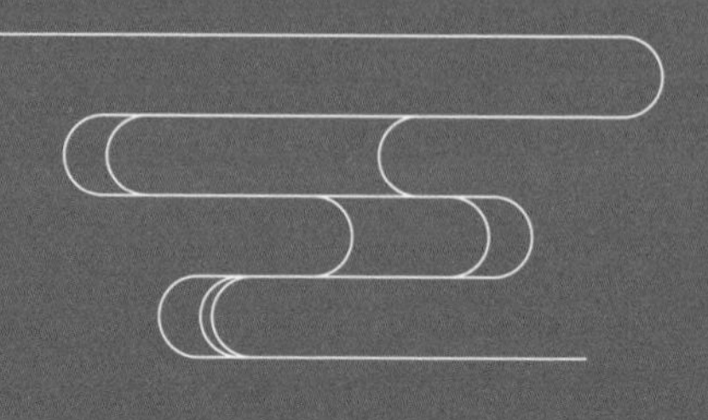

第八章

金玉良缘

隋唐用玉的新风尚

“

人们对玉认知的转变，直接影响着唐代玉器的风格。玉变得开放、包容，它不但与琉璃、玛瑙、琥珀、水晶等珠宝共生共用，也与金、银亲密结合在一起。开创了金玉良缘的新风尚。

不独尊玉的隋唐

隋朝在中国历史上是一个短暂的朝代，没有时间形成自己独有的文化特征，文化艺术发展史中一般会合并到唐朝，历史上习惯称之为隋唐时期。李渊建立唐朝之后，中国历史翻开了大放异彩的一页。李世民、武则天、李隆基……几代优秀的帝王给文化带来了崭新的气象。

唐代前期，在经历了太宗、高宗、武周、中宗几位帝王的治理后，迎来了玄宗的“开元盛世”。此时的唐朝政治统一，经济繁荣，商业、文化、农业都发展稳定，社会安定富足。唐王朝成为了全世界的中心，众多国家和民族的文化艺术都汇聚到了中国，从而极大地促进了各类手工艺品的发展。在这种大的历史环境下，玉文化也实现了全社会的普及，玉器与玉饰的造型多样，并不断创新。

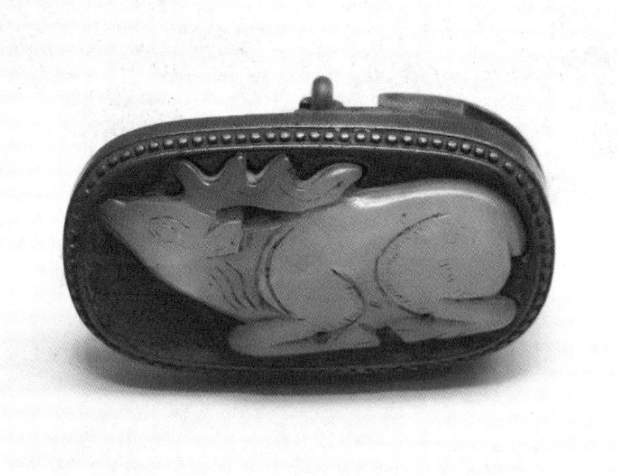

嵌玉鹿铜带扣

玉器艺术在经过魏晋短暂的沉寂后，在盛唐时期得到了巨大的发展，并形成了独特的时代特征。唐代是中国佛玉的开始，也是奢玉的爆发，在盛唐时期社会贵族阶层用玉再次风靡，宫廷用玉奢侈，带銙、哀册、飞天、玉步摇、镶金玉镯、函、簪、佛像等大量创新玉器，装点着灿烂奢华的宫廷，也装点着历史。

继春秋战国之后，隋唐时期人们对玉的认识又有了一次巨大的转变。他们不再把玉当成是高高在上的王权的象征，而只是一种很美丽、很高贵的珠宝而已。所以隋唐人对玉石的态度是不独尊玉。这是由多种原因造成的。

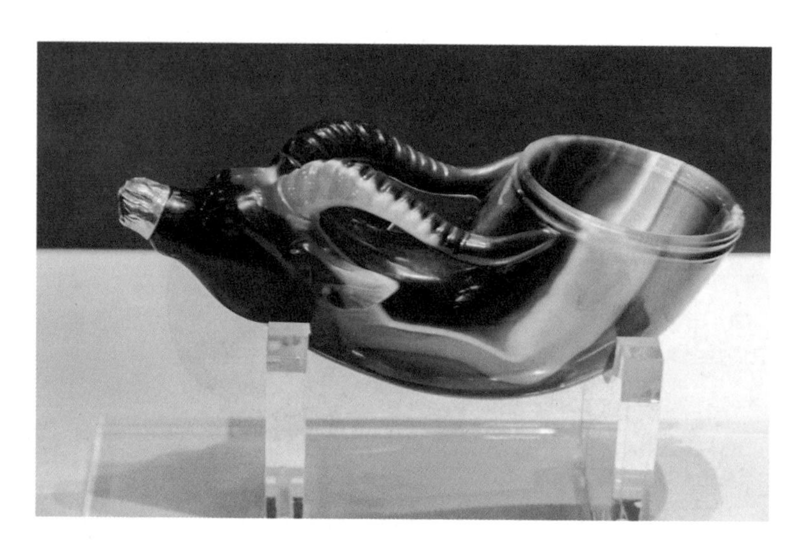

镶金兽首玛瑙杯

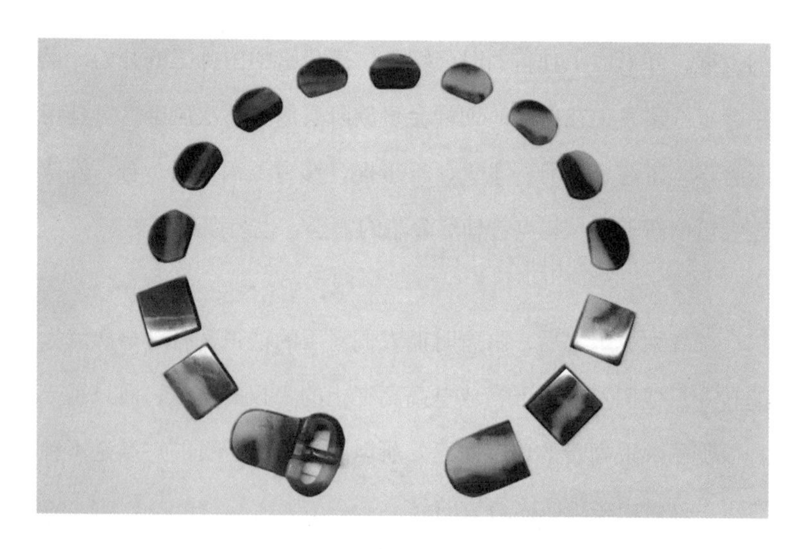

深斑玉带銙

隋唐统治者多少拥有北方游牧民族的血统，他们身体里并没有传统中原人对玉热爱的基因，也没有以玉来建立道统的迫切需求，而他们的祖先常常游走于东西方之间，更偏爱的是贵金属的金银，这也是玉在隋唐时期能够全面开禁的根本原因。

隋唐都是国际化的大帝国，与西方的经济文化交流密切而频繁。繁荣的陆上丝绸之路和海上丝绸之路，把周边和西方的各种珠宝带到长安和洛阳，特别是佛教的兴盛，带来了佛家七宝的概念，那晶莹剔透的琉璃、那色彩梦幻的玛瑙与金银一起丰富着唐代贵族的奢饰品内涵，选择一旦多起来，人们对玉的喜爱也就被淡化了。

人们对玉认知的转变，直接影响着唐代玉器的风格。玉变得开放、包容，它不但与琉璃、玛瑙、琥珀、水晶等珠宝共生共用，也与金、银亲密结合在一起。开创了金玉良缘的新风尚。所以，隋唐时期的玉器，艺术造型饱满，线条流畅，气韵生动，风格也非常多元化，展现出了多民族融合、国际开放的大国风范。

这一阶段，由于金银器的兴起和人们对玉器观念的改变，礼玉、王玉为主流的岁月慢慢走到了尽头。

佛陀心中的那朵莲花

佛教在东汉末年传入中国，在魏晋时期完成了与儒家、道家文化的融合，也完成了在全社会的发展与普及，终于在唐代实现了兴盛，并对文化艺术产生深远影响。唐代的绘画、雕塑、织绣、金银器等，都有大量佛教文化内容的反映。佛教文化对玉器艺术的推动，从造型到纹饰，从技艺到功能，全面而丰富，成为唐代玉文化的重要特色。

飞天形象的原型是佛教中的乾闼婆与紧那罗，即天歌神与天乐神，他们是天龙八部中的两种。乾闼婆与紧那罗常常一同在极乐国里弹琴歌唱，供养众佛，有时会升到忉利天演奏，所以称之为飞天。

飞天的形象从东晋时期开始出现于中国美术中，一直延续到

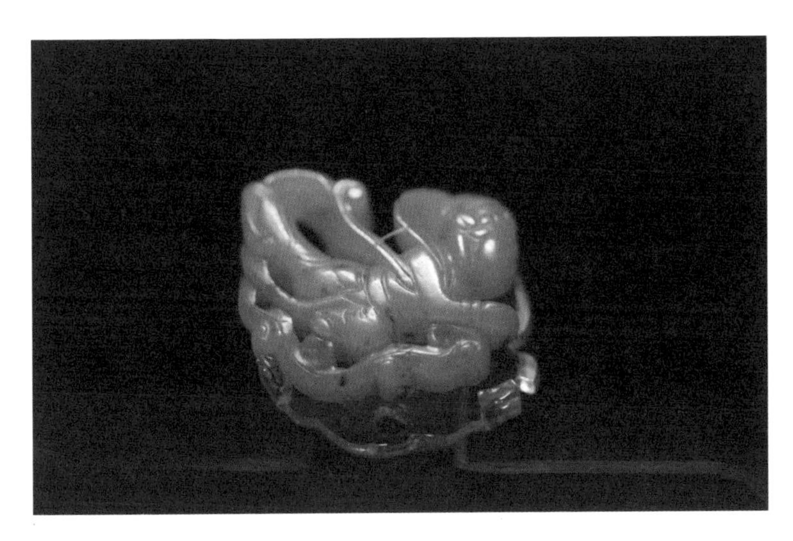

白玉飞天

白玉飞天

元朝末年，随着莫高窟的停建而消失。其中最著名的是敦煌壁画中的唐代飞天形象，成为了中国佛教文化中一个永恒的身影。飞天有一种超越世俗的美感，一般头戴三珠宝冠，上身半裸，下着长裙，肩披绕臂长巾，歌舞飞翔，祥云伴舞。还有的伸展双臂如飞鸟状，仿佛被白云托起，在空中飘荡飞舞，恬淡萧疏。

飞天不仅是供养佛陀的天人，也是一种美好的艺术形象，从隋代开始大量地进入了宫廷与贵族生活，有木雕飞天、锦幔飞天、飞天壁画、飞天绘画、玉飞天等。他们面颊丰满，长裙飞舞，身缠飘带，体态婀娜，如飘逸碧空，自由浪漫，十分美观。

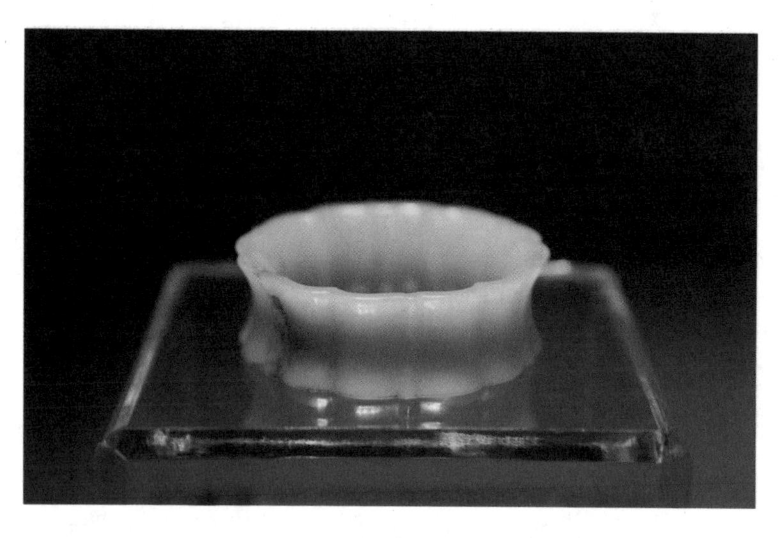

白玉莲瓣形环

莲，因出淤泥而不染，象征净，也象征重生。《大唐西域记》记载，佛陀诞生时，周行七步，且步步生莲，举右手而唱咏之偈句:“天上天下，唯我独尊。”这虽然是佛教一个美好的寓意，但从此莲成了佛教的象征，可以说，除了庄严的佛像外，莲就是佛教，佛教就是莲。所以佛界也称莲界，佛经界也叫莲经，佛座也称莲台，莲花是佛界的标志，不但寺庙建筑雕有莲花，莲绘也遍布僧俗道场以示庄严。

中国佛教有莲宗一派，莲宗即净土宗，因主修念佛往生西方极乐世界而得名。在《佛说阿弥陀经》中记载极乐世界有七宝池，八功德水，充满其中。池中莲花大如车轮，青色青光、黄色黄光、赤色赤光、白色白光，微妙香洁。在莲池中有众佛之心，众佛心中则藏着世界。

故宫博物院收藏有一件唐代佛教的法物白玉莲瓣纹钵盂，这个玉钵深腹钵形，口沿琢饰圆圈纹象征莲籽，腹部浅浮雕莲瓣纹。整体造型恰似一朵白莲花中生出莲籽。造型简洁疏朗，风格典雅素净。钵是僧家乞食的食器，《无量寿经·上》载:“七宝钵器，自然在前。”忍辱乞食，自性清净，广种福田，佛子莲生。所有的佛法，都在这一钵之中了。

陕西省宝鸡市的法门寺，因地宫所出土的大批文物等级高、

白玉莲瓣纹碗

品种多，为研究唐代政治、经济、文化、宗教等多种学科提供了实物证据，一直有“唐代文化金字塔的塔尖”之美誉。地宫中除了发现了“佛指骨舍利”“秘色瓷”“武后秀裙”等珍贵文物外，还有大量玉器出土，有白玉板、白玉灵帐和盛放“佛指骨舍利”的白玉棺，尤其与“佛指骨舍利”等身的“白玉影骨舍利”，可以说是世界佛教文化史上最重要的考古发现之一。中国以玉为材质制作了三枚“佛指骨影骨舍利”，足见玉在唐代帝王和佛教信众的心中是何等高贵。

最珍贵的材质与最高超技艺进入最兴盛的佛教，产生了庄严、寂静、圆满的玉佛造像艺术。唐代是中国历史上佛造像数量、规

白玉坐姿天王

格与艺术水平最高的时代之一，唐代的佛造像面相圆满丰逸，沉静安详，周身线条流畅，举止庄严，给后期中国历代的佛造像艺术奠定了基本的规格和美学基础。

如果说唐代的佛像展现的是寂静与圆满，那么唐代的菩萨像展现的就是自在与慈悲，而玉则化成了佛陀心中的那朵圣洁的莲花。

黄金与美玉的盛世之缘

黄金是财富的象征，而美玉则为高贵的专属，本来是两种属性的人间珍宝，而智慧的工匠巧手合二为一，成为了大唐宫廷贵族不可或缺的饰物。金镶玉这种工艺在唐代得到了迅猛的发展，成为了玉器艺术中的重要组成部分。玉饰再珍贵，在大唐的富丽灿烂间，还是显得过于清雅，所以当华贵夺目的黄金和玉组合在一起时，就成了独特的风景。金的张扬，玉的宁静，如一抹鎏金的云，给这个恢宏的时代渲染出了一片独特的富贵气质。

簪钗是古代男女通用的饰品，金镶玉材质的簪钗常常在唐代传奇故事中作为男女之间的定情信物。“若君为我赠玉簪，我便为君绾长发。”簪钗为寄，情意款款。传说，杨玉环在被缢死之前，将金钗劈成两股，一股赠给唐玄宗，一股留给自己，希望将来在天上，和皇帝还能有重逢之时。

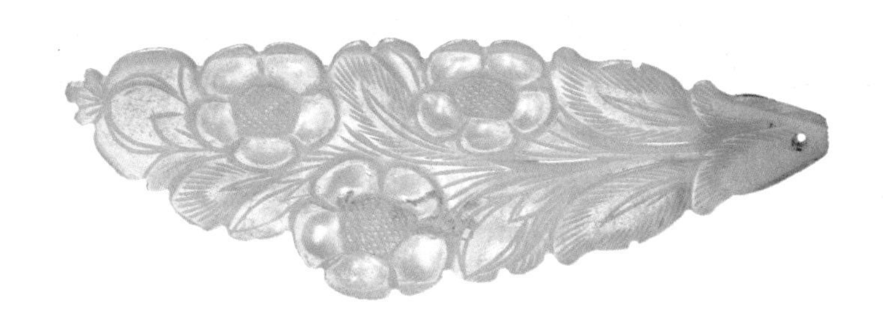

石榴花纹步摇饰

步摇是簪钗的升级版，是唐代贵族女子间最流行的饰品。民间女子资财有限，只能用其他材质代替。“风飘蹀躞步摇轻，相唤相呼去看灯。”唐代的金镶玉步摇精致而华贵，通常是用很薄的金片錾刻成金凤展翅、蝶舞双飞、花朵盛放等优美造型，步摇上镶嵌花纹玉片，尖端缀以珠玉，美不胜收。富丽的时代，奢华的生活，金镶玉步摇，已经是唐代头饰的代名词了。

晚唐五代时期的《花间集》中多次提到玉饰、玉镯、玉钗和玉佩等花间女子的心爱之物，虽然不似宫廷那般富贵奢侈，却充满了人间的温情。唐代大量玉制饰品及生活用品的出现，代表着玉文化与社会大众生活的融合，人生处处有玉，人生如玉，如玉人生。

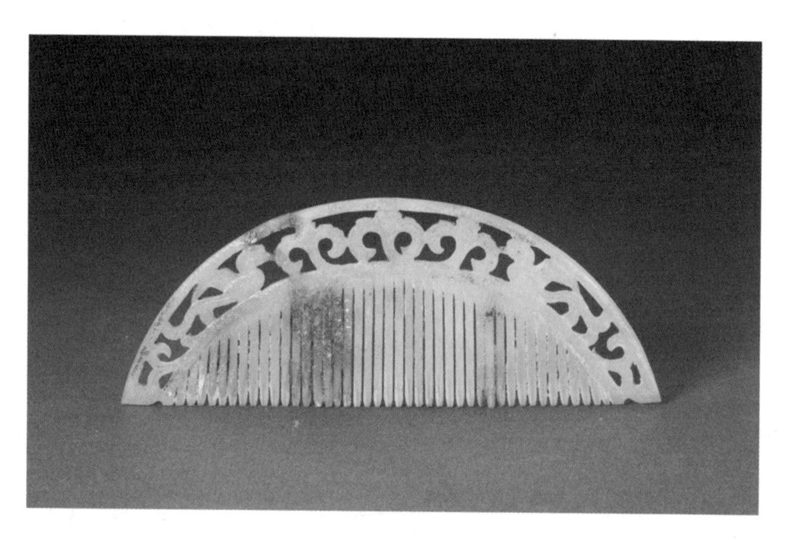

玉花鸟纹梳

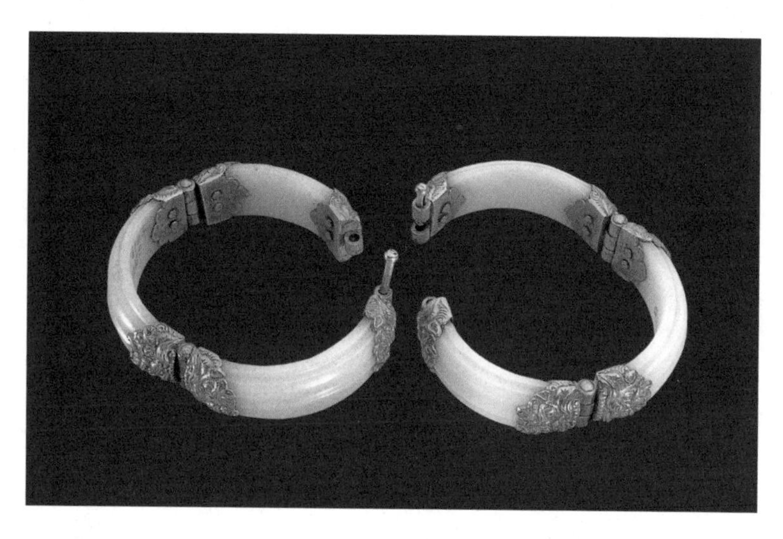

白玉镶金镯

唐代的玉梳，或整体由玉雕琢而成，或梳身由金属、骨角制成，再嵌以玉质梳背。故宫博物院收藏有一件唐代双鸟纹玉梳，梳子背为弧形，并透雕花草双鸟纹饰。玲珑精致，小巧可爱。

手镯的历史非常久远，最早可追溯到原始社会时期。商周之后，手镯的材料基本以玉石为主，造型古朴典雅。西汉以后，受西域文化影响，手镯的造型发生了很大变化，出现了缠臂金，也叫跳脱、臂钏、金钏、臂环，材质多为金银，形状像弹簧。唐代的手镯，同样是金玉结合，玉质手镯分成段，加上可调节的金质合页，可随意调节，使用方便。柔中带刚，静中有动，富贵圆满，东方女性所有的美德在一对玉镯中就都实现了。直至今日，玉镯都是女士们挑选一生玉饰的首选。

唐代的玉佩也流行镶嵌金边或阴刻填金，女子们悬系的玉佩，小巧玲珑，纹饰精致，随着霓裳，摇曳生姿，风情无限。唐代诗人徐凝的《七夕》写玉佩的声音："一道鹊桥横渺渺，千声玉佩过玲玲。别离还有经年客，怅望不如河鼓星。"五代诗人毛文锡的《醉花间》以玉佩抒情："金盘珠露滴，两岸榆花白。风摇玉佩清，今夕为何夕？"

团扇也是隋唐流行的装饰品，上层社会人士使用的团扇，也是金玉镶嵌，华贵珍稀。玉枕在汉代时就很流行，往往还伴有养

嵌金丝玉佩

生保健之目的。唐代的玉枕装饰精美，可能只是贵族们享受生活之用。

蹀躞玉带在隋唐时期由于民族融合也风行起来，并衍生出了官员服饰标配的玉带制度。从皇帝到三品官员，根据品级的不同，玉带上所配带銙的数量也不同。这段时期的玉带，在装饰上很下功夫，带銙基本都琢刻精美的纹饰，华丽者甚至镶金嵌宝，体现出贵族生活的奢侈。

玉质的实用器皿是唐代的特色，有玉杯、玉勺、玉盘、玉盒和玉罐等，其中以玉杯数量为多，造型纹饰也变化多端，有莲花形、

玉梁金筐真珠蹀躞带

流云形、瓜果形等。

唐代对中国玉文化最大的贡献不是琢玉技艺的发展，也不是玉器题材与纹样的变化，而是将玉作为一种宝贵的材质运用到了社会生活的各个方面。从宫廷到民间，从贵族到市井，人们所有生活用品都有玉的影子，乐器、首饰、杯盘、碗盏，生活玉器的大量制作与技术创新，极大地促进了民间玉文化的发展。因为国力的强大，贸易的发达，丝绸之路的繁荣，大量的玉石可以源源不断地补充进来，满足了从皇室到贵族阶级的大量玉质用品的需求，但也在无形中大量地消耗着国家的实力。

玉哀册

唐代创下了一个盛世，首都长安是当时最国际化的大都市，世界各国、各族人民的大量涌入，给商品流通与文化交流创造了丰富的空间。唐代文化开放，在文学上出现了诗的高峰，在绘画、书法、雕塑等艺术领域也都是开创性的进步，这种多元的文化，互相融合渗透，从而也互相成全。中国玉文化中的佛教文化题材、大量西域纹样与造型、金镶玉的工艺发展、玉器饰品及生活用品的发展都是在唐代开始出现或走向完善的。

唐代玉文化除了创新，也有对传统的扬弃，在唐代以前一直占据皇家玉器主要比重的礼玉，这时已经没有多少流行的造型，常见的只有封禅玉册与葬玉哀册两种。封禅玉册，呈简版状，以银丝连贯，每片刻隶书文字，用于祭祀天神地祇，以求“冀近神灵”。古代帝王、太子、要臣死后，于葬日举行“遣奠”之礼时，要宣读祭文，并把它刻在玉简片上，缀连成简册，埋入墓中，这种葬玉简册，称为葬玉哀册。哀册呈长方形片状，有哀册板宽似圭，有哀册板窄似简，表面磨平阴刻填金楷书文字，文字多是称颂逝者功绩的文辞。

从唐代开始，玉器渐渐进入了民玉文化阶段，那些高贵而神秘的王玉、礼玉和规定着行止的组佩，则在大唐盛世的繁荣中，在王公贵族的奢侈中，在玉环叮当的悦耳中成为了历史的烟云与传说。安史之乱后，唐朝的国运开始衰退，昔日金玉满堂的帝国突然间就变得萧条起来。唐肃宗下令，宫中禁止追求这些奢华的金玉首饰，并开始整顿国家的浮夸风气。辉煌富丽的大唐，终究携着那一世又一世的传奇隐入了历史，但大唐的宗教之昌盛，文化之繁荣，金玉之丰富，以及带给我们后世的影响，却是永恒的。

当我们在礼敬一尊玉佛时，是否会感受到佛陀心中那朵白玉莲花的寂静绽放；当我们欣赏一件极致完美的金镶玉步摇时，是否会看到那个风华绝代的金粉世界；当我们佩戴一只白玉手镯时，是否会遥想起那位回眸一笑百媚生，最后却玉殒香消的杨贵妃?

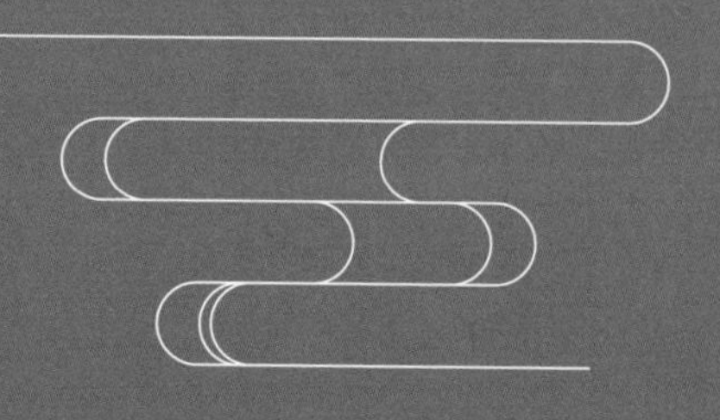

第九章

民玉兴起

宋辽金元的民风

“

宋徽宗佩玉、藏玉、赏玉，对文艺的迷恋与发扬，体现在玉器上，充满了人文性，这种特性，不但渗透进了北宋文化，还影响着南宋文化，为中国玉文化史做出了卓绝的贡献。

”

第一位因玉而痴的君王

如果说唐代是大气辉煌的，那么宋代就是极致完美的。英国著名史学家汤因比曾说："如果让我选择，我愿意活在中国的宋朝。"在中国古代没有一个朝代可以和宋朝比民富、民乐。早在真宗朝宰相王旦就指出："京城资产百万者至多，十万而上，比比皆是。在唐代贫眼所惊之华丽器物，在宋代已是百姓寻常之物。"

经历了五代十国后，两宋时期的中国是一个多民族共同繁荣的时代，有北宋的文艺，南宋的婉约，辽金的民族风情，还有元朝的大气磅礴。这几个国家在文化上都各具特色，互相融合的同时又保留了各自的风采，宋辽金元时期是中国历史上一个伟大的时代，没有这个时代，就不会有今天疆域辽阔、多民族和谐统一的大中华。在这种大时代、大文化的背景下，宋辽金元时期的玉文化自然也就繁荣多姿，独具各自的民族性格，是传统玉文化的

白玉鸭

数家争鸣时期。

宋元时期国家恢复了按礼书制作玉质礼器的传统，玉璧、玉琮、玉圭、玉璋、玉璜、玉琥又开始出现，但其神圣性和商周时期已经完全不同，仿古礼器甚至成为了文人们的案头陈设。国家恢复古礼的统治策略使得宋朝文人对上古文化非常热衷，到了徽宗朝，连帝王也加入了对古代金石书画追求的行列，于是“金石学”发展起来。中国最早的仿古玉器也是在宋代出现的，至今仿古玉器都是玉器艺术中的一个重要题材。唐代玉器是以器皿与佩饰为主，将玉当作一种宝石，而宋代玉器真正意义上成为了历史、文化、艺术的载体，在辽金民族的眼中又成了生活美学的载体。如果用

黄玉琮

一个词高度概括两宋这个时代的玉文化特征，那就是“美学”。

因为对文化独有的迷恋与痴狂，使北宋整个时代都被附上了艺术气质，而中国玉文化历史上第一位能被称为“玉痴”的，也正是那位风流千古的宋徽宗。

宋徽宗是个奇怪的皇帝，他的奇特之处在于，除了不会做皇帝，他很多方面都做到了登峰造极，无人超越。他开办画院并亲自授课，培养绘画人才，这在历朝历代的皇帝中绝无仅有。徽宗的传世代表画作《芙蓉锦鸡图》和《听琴图》，展现出一代巨匠的功力与艺术造诣，是中国美术史上的华彩篇章；徽宗独创的书法瘦金体，风骨俊秀，字形舒展，在中国书法体系中占据着一席之地；他爱玉如痴，收玉成癖，在宫廷设立了多个琢玉机构。据文献记载，宋朝宫廷中有“宗正寺玉牒所”和“修内司玉作所”等制玉机构。

在徽宗的影响下，宋代玉雕开始和诗词、绘画相结合，为传统玉雕增加了时代的文人气息。因徽宗对艺术具有高超的鉴赏力，他喜欢绘画、诗词，尊崇佛道，所以这一时期出现了大量刻有佛经、诗词、绘画的玉器。当美玉成为了文化艺术的载体，二者相得益彰，焕发出了新时代的风采，不但具有超高的艺术性与观赏性，也让宋代的玉器与之前的隋唐和后世的元明清产生了风格上鲜明的对比。

宋徽宗佩玉、藏玉、赏玉，对文艺的迷恋与发扬，体现在玉器上，充满了人文性。这种特性，不但渗透进了北宋文化，还影响着南宋文化，为中国玉文化史做出了卓绝的贡献。

后来徽宗和他的大量宝贝被俘虏到金国，几百年后，他的这些玉器都成为了清宫珍宝。精致的设计，文雅的审美，宋代独有的意韵，却也蕴含着懦弱与享乐的气质，奢靡误国，一面是华美，一面是凄凉。

文人案头和服饰上的格调

宋代装饰佩戴类玉雕受院体画风影响很大，写实又艺术。宋代玉雕还有一个最鲜明的特点就是市井文化开始大量融入，在这之前，文化与艺术都是贵族的事。从唐代开始，市井文化开始逐渐在金玉等宝器中萌芽，到宋代随着民间的富庶而发展成熟，当普通百姓的民风民俗都能成为玉雕题材的时候，才是民间真正富足的象征。

商品经济的极大发展促使普通市民阶层空前活跃，玉器、玉饰成为需求量很大的商品，变得越来越生活化。南宋时期杭州的“七宝社”，是专门买卖古董的坐商，出售玉带扣、玉碗、玉花瓶、玉盒、玉绦环等玉器古玩。“碾玉作”作为专门的琢玉作坊，在民间多得像普通商铺一样。宋词中随处可见女子的用玉描绘，如李清照著名的《醉花阴》：“薄雾浓云愁永昼，瑞脑消金兽。

白玉飞天

佳节又重阳，玉枕纱厨，半夜凉初透。”

玉佩一般都是花鸟题材，多用镂空手法，注重对称的美感，亲切自然，富有生活情趣。人物形佩饰相比花鸟题材，出现较少，常见的有飞天、仿古人物和童子造型。飞天是唐代飞天的延续，宋代的飞天造型更加写实，人物开脸类似童子，身材比例更合理。仿古人物是模仿汉八刀的风格雕刻，开脸也简化得厉害。

童子类的玉佩饰虽然数量不多，却是宋代玉雕的一个特色。童子往往手持莲荷或攀附莲荷，这种题材应该与佛教文化有关，

白玉童子

并有“连生贵子”的谐音寓意。故宫博物院收藏的举莲花童子佩饰，五官简单集中，双手举长茎莲花置于头顶，是这一时期玉童子的典型形象。

玉坠是唐代就很流行的饰品，宋代文艺气息浓厚，更是让玉坠子成为男女皆爱的流行元素。玉坠形状较小，题材广泛，从人物到动物，从瓜果到珠管，应有尽有。

走兽摆件常常压地隐起，刀法简练，细致写实，追求造型的准确。首都博物馆收藏的一只卧鹿，鹿角呈灵芝状，是摹的肿骨鹿之形。卧鹿神态安详，造型准确，抛光极佳，是宋代玉雕动物

玉卧鹿

的代表作。

除了动物摆件外，厅堂的装饰多了一个新品种——器物摆件，多是文房用具砚台、笔管、镇纸等。玉摆饰的流行，标志着玉器在代表神权、王权、礼仪、道德之后，正式成为了厅堂的装饰品，中国从宋代开始在桌案上摆放炉壶瓶等玉器来提升房间的格调与品味。

金石学的初兴，追古溯源

宋代出现了大量仿古玉器，比如仿商代的古玉，仿两汉的佩饰等。仿古与创新，是两种截然不同的艺术，却同时出现在宋。宋文化一方面推陈出新，一方面崇尚先古，玉器出现仿古风潮的根本原因，是金石学的兴起和民间富足的表现。

宋代金石学是对商周、汉唐的文物研究之风的兴起，并由此引发社会学术思想的空前活跃。“金石学”兴起，是受到当时文化氛围感染，爱金石者也多是欧阳修、吕大临、赵明诚等文人雅士。北宋吕大临所著的《考古图》是早期最有名的金石学著录，比较系统地著录了当时宫廷和私家收藏的古代铜器、玉器，成为当时玉雕创作的重要设计参考资料。

宋代是金石学盛行之时，考古研究的学术活动已蔚然成风。

螭纹璧

这无疑为玉器的仿古创作，奠定了思想文化基础。宫廷与民间对青铜器、玉器、陶瓷、碑刻等古文物的收藏，成为社会文化事业的热点，这些也是仿古玉器发展的重要条件。于是在这种崇尚古风的情况下，宋人喜好文物并着力研究，仿古玉器大量出现。

故宫博物院收藏的云龙纹双耳簋，是仿西周青铜簋造型而制，但是器身琢刻的云龙纹是典型宋代风格。天津博物馆收藏的谷纹盖觥，器型模仿的是商周时期的青铜觥，但是器身琢刻的谷纹年代相对较近。这两件都是宋代仿古玉的代表作。

除了仿古这一兴起于宋代的玉雕特色外，宋代帝王延续了从

青玉云龙纹簋

黄玉谷纹觥

唐代开始的对佛教的尊崇。宋代是我国文化开明的时代，文人墨客、政府要员、皇族贵戚都与佛道往来密切，这其中最有名的就是苏东坡和佛印禅师的故事了。其实不只是苏东坡，北宋从仁宗一直到徽宗对佛教的尊敬一直都是有增无减的，在徽宗时期还主持过国家级的高僧辩论法会，足见佛教的兴盛，这些影响在传世的玉器中也得到了证明。

无论是对上古的怀念，还是对佛法的恭敬，还是吉祥美好的祝愿，宋代多姿多彩的玉文化极大的繁荣背后，有着玉痴徽宗的影响，也有着文人墨客的推崇，还有市井民风的热衷，但终究抵不过少数民族的铁蹄洪流。宋代是美丽而精致的，但精致得过于脆弱，以至于每当看到宋代的玉雕时都会让人产生无限的惆怅。

烈烈风中最爱那春水秋山

辽金是与宋同时期的北方少数民族国家，受汉族玉文化的影响，建立政权后皇家也开始大量制玉。辽金玉器充分学习了中原的琢玉技术，用玉雕来表达丰富的游牧民族文化与情感，具有显著的民族特征。这其中，“春水秋山”题材的玉器因大量采用起突、镂空等雕刻技法来展现动物、植物形象，配合充满民族文化风情的题材，成为中国玉器史上盛开的一朵奇葩。

契丹人与女真人的生活习惯几乎相同，他们随水草、逐寒暑。春天出去打猎、捕鱼，常见天鹅在水中穿草而过的场景，或凶鹘啄水中天鹅的情景，场面动人，于是以此为题材，琢成玉佩，俗称为“春水”玉。“春水”玉的本质就是一幅画，在美好的春天出门打渔了，在流水中发现了一个奇妙的场景，于是飞快用画笔记录了下来。只不过，画笔是记录在宣纸上，而“春水”玉是把

玉鹘啄雁饰

玉鹘啄鹅饰

青玉虎

这个场景记录在了玉器上。大自然的生动有趣，尽在一玉。“春水”玉之外，还有“秋山”玉。辽金的秋天，北方冷得很早，七月中旬就要入山林逐鹿射虎，半夜猎人吹角效鹿鸣，集而射之，故“秋山”玉多饰鹿纹。而圈养的猎犬和围猎的虎、熊等动物也是常见题材。

春与秋，是大自然中最美的两个季节。春天逶迤流水，万物复苏，百鸟争鸣，百花争艳；秋天远山如黛，层林尽染，天高云淡。游猎民族的寥落与大气，豪爽与真实，都融入玉雕风格之中。“春水秋山玉”，如此鲜明地出现在历史上，充满了山林之气，在大宋的婉约与文气中，让人心里对直白质朴的生活之美，产生了别

白玉鹿

样的欣赏。

辽金玉的玉雕除去装饰性外，还与日常生活相关联，如剪、刀、锉等工具造型，表现了少数民族的自然质朴的风貌。辽金玉浓厚的生活热情、质朴的生活情趣、写实的艺术风格和精湛的琢刻技术一直延续到了后期的元朝和明朝，两个朝代都有大量的模仿。美，有时文雅，有时粗犷，有时真实，有时婉约，辽金时代的真实质朴之美，在中国玉文化史上别具一格。

大中华民族的豪气云天

血液里流淌的是蒙古游牧民族的豪迈，骨子里是风一样奔驰在草原上的骏马。元朝入主中原后，迅速继承了宋辽金各地的玉器制作机构，在保持传统的同时也注入了独有的民族特色。元代玉器，工艺上虽然多靠向宋玉，但造型更加粗犷，不拘小节。如果用一件玉雕来代表整个元代的玉雕，就非这件“渎山大玉海”莫属了，一件“渎山大玉海”即可窥元代玉雕之风貌。

“渎山大玉海”是元世祖忽必烈为了彰显国势的强盛下令制作的，由大都（今北京）皇家玉作完成。它是中国现存的最早的特大型玉雕，高70厘米，口径135～182厘米，最大周长493厘米，膛深55厘米，重达3500公斤。其雕琢使用剔地起突的高浮雕手法，随形施艺，俏色用工。玉海的材质是中国四大名玉之一的独山玉，质地坚密，颜色黑青，色彩斑斓。外周饰以波涛汹涌的海潮，其

北京北海团城承光殿前的玉瓮亭

渎山大玉海

中有海羊、海马、海猪、海龙、海鹿、海兽等13种神兽随波沉浮，形态奇绝灵硕，风格雄阔壮伟，刀工粗细相合。整体格调为雄浑浩大，端重卓伟，精谛宏美，蔚为壮观。

《元史·世祖本纪》记录了渎山大玉海的盛况:“(二年)十二月，己丑，渎山大玉海成，敕置广寒殿。”一件玉器要皇帝颁发指令安排摆放，并记载于正史之中，在玉器历史中绝无仅有，可见其重要程度。这件稀世珍宝，到乾隆初年的时候，居然流落到了西华门外的真武寺，被道人做了腌菜的瓮缸。后来乾隆下令用千金换回，放在北海团城承光殿，最后落脚于今北京团城玉瓮亭。玉海曾被乾隆帝敕“刮苔涤垢”，并稍加修治，且撰《玉瓮歌》，

渎山大玉海

刻于内壁，以志失得。

“渎山大玉海”是元代留存于今天的唯一皇家琢玉巨构，可谓是“史册具载，昭然可考”的神品。它代表了元代玉作工艺的最高水平，也为明清玉器中的大型圆雕作品提供了范本，也预示了明清时代又一个玉作高峰的到来。

文雅秀美的宋玉，镌刻着经文或者诗词，如诗如画，精致婉约，承载着时代的气质，从哪一个角度看，都是诗性的美，艺术的美。而马背上奔驰的辽金与蒙古，则像极了北方的山林与草原，风吹草低马蹄急，简单而绝不拖泥带水，这种性格反映到玉雕上是那么质朴与纯真。这两种看起来永远对立而无法相融的文化，居然在国家的裂变与交融时，因为玉，而产生了奇妙的融合。

辽金一直崇尚中原文化，而元入主中原后，也积极学习中原文化，沿袭了宫廷设立玉作坊的传统，并将玉器的制作规范化，形成流水线，这种制度一直保留到了清朝。专属的玉作坊生产了大量的宫廷美玉，在辽金元王朝对玉文化孜孜不倦地学习下，宋辽金元的玉雕在保留各自民族风格的同时，实现了一个大时代的和谐统一。

宋辽金元玉器共同的特点是追求写实性与艺术性的结合，形

鹭鸶莲荷帽顶

成形神兼备的玉雕风格，玉雕题材来源于生活实践，反映真实的社会风貌和生活情趣，蕴含着对自然的歌颂、对生命的热爱和对美好生活的向往。

多民族文化的大融合，为一个更加宽广、更加繁荣的时代埋下了伏笔。没有宋辽金元的征战与交融，就没有民族间的相互学习与共建，更不会诞生之后疆域辽阔、实现了多民族统一的大中国，也不会促进传统玉文化的进步与发展。宋辽金元以后的中华民族不再是单一的汉族概念，而是多民族和谐统一的大中华民族。宋辽金元以后的中国玉文化，承载的不仅仅是王权与君子的精神，更是多民族人民共同的幸福与追求。

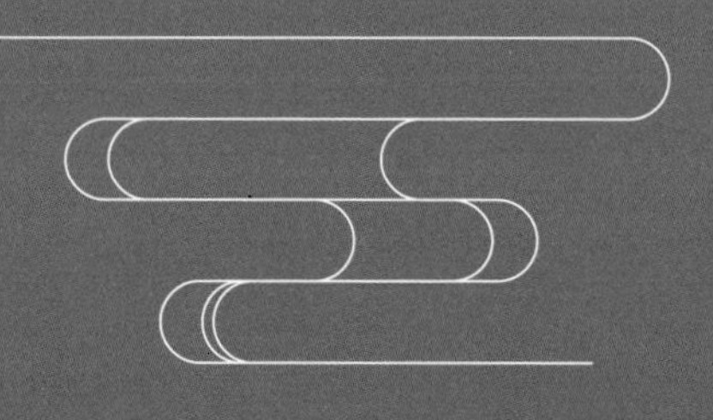

古玉巅峰

明清玉雕的繁荣

据统计，他的御制诗中关于玉的诗将近八百首，故宫博物院藏玉三万多件，其中一半以上与乾隆有关。乾隆为他的儿子嘉庆皇帝起名叫颙琰，琰是美玉的名字，颙琰的所有兄弟也都以美玉命名。

明清玉器，民玉时代的辉煌

元、明、清三代王朝的都城都在北京，这三朝使中国的政治、文化中心完成了北移。从元代开始，大众喜闻乐见的戏曲、小说等民俗文化在全国开始广泛传播，而玉器、玉饰也开始全面地与民俗融合转化。社会的主流阶层在陈设、赏玩、佩戴、殉葬玉器的同时，民间交易、收藏古玉之风也十分炽热，中国玉文化进入了多元化的大繁荣期。

朱元璋平定群雄，并将蒙古统治者驱逐到了大漠深处，重新建立了汉族为统治阶级的明王朝，汉文化也恢复了在中国的主导地位，洪武元年诏曰：“悉命复衣冠如唐制，士民皆束发于顶”。明朝的宫廷用玉不但延续了前朝的制作传统，与元朝相比，还增加了葬玉制度，帝王后妃死后的殉玉规格之高，数量之大超过了以往。由于明中晚期全国的工商业非常发达，民间用玉已经十分

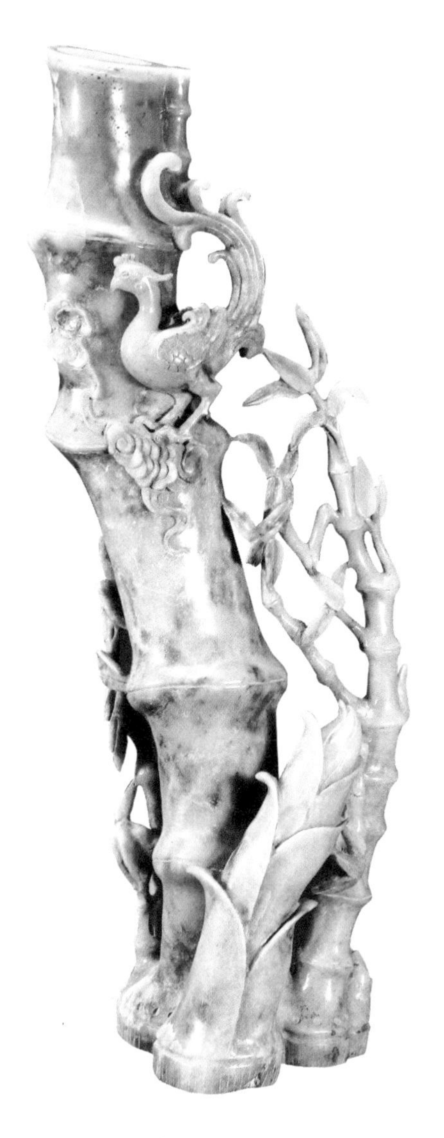

青玉凤竹花插

普遍，玉制的餐具、酒器、茶具等点缀着人们的生活。

明代早期受元代玉雕技艺传承的惯性影响，风格延续了宋辽金元时期整型大气、线条简洁明快、朴素内敛、不追求局部造型细节的艺术风格，但到了明代中期文化复古，影响到玉文化，出现了短暂的文人玉风格。明代晚期玉器虽然数量激增，但艺术上显得粗犷不堪，做工也越来越差，不再要求工艺的极致，也没有精神的内涵。明代末期国衰民贫，人心涣散，表现在玉文化上也是一片颓废。

但明代玉器艺术中出现了一种工艺的创新，开始将玉与宝石镶嵌结合，类似于唐代的金镶玉，又比金镶玉更精致贵气，在玉器上镶嵌各类宝石，不但提升了传统玉雕的工艺水平，而且扩展了玉文化的外延。

清代康雍乾三朝盛世，三位皇帝都喜爱玉器，但程度不一样。康熙、雍正雄才大略，品德高贵，两朝的器物简洁而典雅，朴素而有力，主要展现在生活用品上，没有夸张浪费的现象。但乾隆偏爱工艺丰富、色彩艳丽的器物，所以在他的时代，玉器品种丰富，巨制众多，工艺复杂，数量庞大。清代晚期因慈禧独爱翡翠，影响了宫廷用玉的方向，整个京城都翠意盈盈，翡翠玉器与玉饰品在慈禧年间出现了一个高峰，这种对翡翠材质的钟爱一直延续

白玉镶宝双耳活环瓶

到今天。

从隋唐时代就开始大量进入民间的玉器、玉饰经过了几百年的融合与发展，在明清两朝达到了前所未有的巅峰，大量吉祥寓意的玉雕、玉饰成为了整个时代的主流。特别在康乾盛世期间，中国版图辽阔，地大物博，随着科技的进步，玉石的开采、运输

青玉道济和尚

与加工能力都是以前所有朝代不能比拟的。昆仑山脉和全国各大产玉地区的玉石原料源源不断地运入北京、苏州、扬州等宫廷玉作机构，加上中华玉文化史上最重要的一位“玉痴”皇帝乾隆的大力推动，上到皇家的玉山、玉船、玉佛造像、玉炉、玉瓶，小到王公贵族家中的玉屏风、玉壶、玉碗、玉帽架，甚至是寻常百姓家的玉烟嘴和玉帽花，玉器充满了那个时代各个阶层的日常生活空间，映衬出了民玉时代最繁荣的景象。

全民用玉的大明王朝

寻常百姓的生活，不是帝王的江山永固，不是君子的兼善天下，也不是词人的风和雅颂，更不是才子佳人的阳春白雪。大众所追求的是生命的健康与家庭的幸福，当玉融入民间，就成为了吉祥美好与幸福生活的化身。

合卺杯，《礼记·昏义》中说："妇至，婿揖妇以入，共牢而食，合卺而之酳，所以合体，同尊卑，以亲之也。"在传统婚礼仪式上，新郎新娘共饮合卺酒，寓意二人从此一体。

婴戏图，一般都雕刻在玉器上，婴儿们戏猎、持枪、吹笛、锣鼓戏、舞狮等杂耍，场面热烈。婴戏图是百姓追求社会安定祥和的美好愿望，内容健康、活泼、其乐融融。这不但是对家庭生活最美好的祝福，也是以多子多孙、健康长寿为核心寓意的吉祥

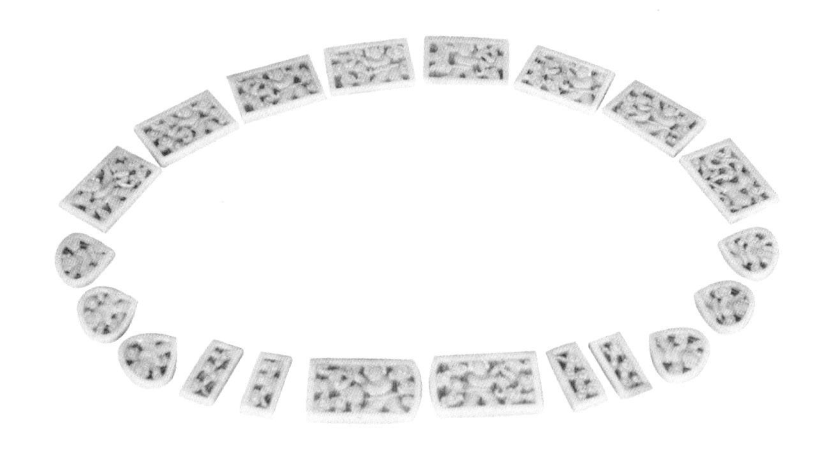

白玉带板

玉文化的显著特征。

明代玉器开始大量出现的福禄寿三星图、八仙过海图、莲生贵子图、鲤鱼跃龙门图等题材都是寓意吉祥，象征幸福。除了寓意外，明代玉雕还开始在玉器上镌刻吉祥语，如“福如东海”“寿比南山”等。

世俗性、趣味性和祝福的寓意大行其道并成为主流，这在中国传统玉文化中是从明代逐渐蓬勃起来的，同时这种观念的变化使玉器、玉饰更有人情的味道，更加贴近百姓的日常生活。这种祝福性的玉文化发展到了清代，少数民族的统治者更加需要民族的团结与社会的安定，所以这种表面性的世俗文化就被无限放大了。清朝上至官员之间，下至百姓邻里，人们越来越需要吉祥话来烘托气氛，越来越迷恋表面上的恭维，以吉祥文化为主流的玉器、玉饰空前繁荣起来。

除了吉祥用玉外，明代的皇家用玉还有一个显著的特征是复“礼”。明代是汉文化的一个恢复时期，在经历了元朝少数民族对国家的统治后，明朝的文人士大夫们一直在努力恢复着汉族的文化与民族的自信，所以在明代的高级别考古发现中出现了以玉圭为代表的玉礼器。

白玉人物故事纹笔筒

明代诸帝不仅生前用玉量大，死后更是空前奢侈，而且葬玉的品级也极高。从万历帝陵及后妃墓所出玉器中，可见宫廷享玉的侈靡程度。定陵中陪葬的玉挂饰就有 11 件之多，都是用丰富的玉片、玉珠缀连而成，极尽奢华。帝、后二人棺椁外，随葬玉料 31 块，很多玉料上还刻有玉料的重量。玉带銙以白玉者为主，兼用碧玉，有的玉带上嵌宝石。玉圭 8 件，材质为上好的和田羊脂玉。在玉饰和玉佩上，很多都嵌宝石。还有白玉龙首带钩、白玉寿字形金笄、白玉佛像笄、白玉玉兔捣药耳坠等。生活用品有碗、盆、盂、壶、杯、爵，其中白玉碗质佳工精，还有镂空嵌宝石的金盖碗和金托盘爵；玉盂刻龙纹，套于金盒内；玉爵的三足插入镶宝石的金托盘中。从定陵的考古发现中可以看出，明代帝王的

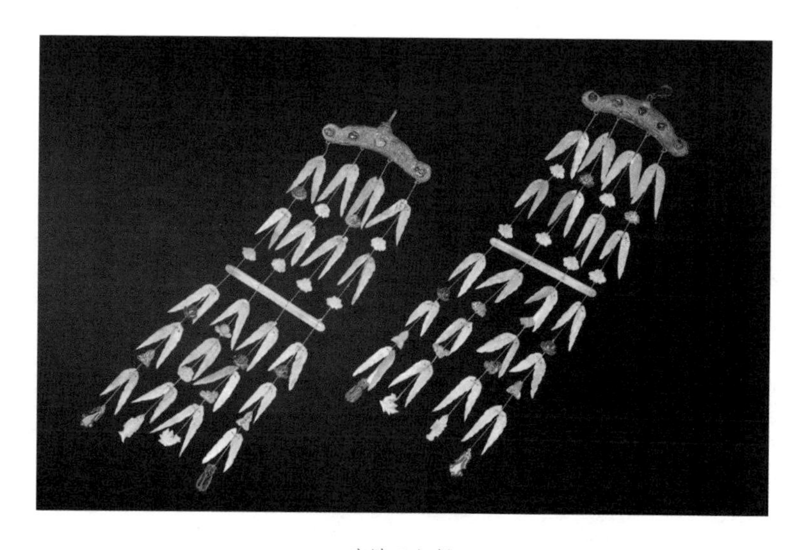

定陵玉组佩

葬玉，无论是从规格、数量、种类、材质、工艺水平等各个方面都超越了以往所有朝代的帝王葬玉，足见明代用玉之丰。

明代的手工业、工商业极为兴盛。万历年间，社会上出现了一股“时玩热”，许多文人雅士乐于搜藏当代名家的工艺作品，这也变相推动了当时工艺美术水平的提升，并涌现出许多名家匠人。陆子冈（也作陆子刚）成为这一时期玉雕艺人中最受追捧的佼佼者，传说连皇帝也要请他琢玉，而他的死也正是因为触犯了龙颜。陆子冈是中国玉文化历史上第一位被称为大师的玉雕工匠，也标志着玉器成为纯粹艺术品的时代已经开始。

青玉“子刚”款合卺杯

陆子冈治玉，被誉为吴中绝技之首。传说他琢玉时独创了一种“昆吾刀”的刻法，这种技术不用砣机支撑，可以在玉器上随意施为，他死后这种技法便失传了。陆子冈善于雕琢小件文房器具，正对文人雅士的胃口，因此他的事迹也常被写进一些文人的杂记。从中可以看到他的一些神作，如白玉嵌青绿石片的辟邪形水注、兽面锦地纹仿古尊水中丞、周身连盖滚螭白玉印池、带有十三连环柄的百乳白玉觯等。另外，据《苏州府志》载，他“造水仙簪，玲珑奇巧，花茎细如毫发”，可谓一绝。

陆子冈名气太大，同期就有冒仿者，后人冒仿的更多，传说中闻名遐迩的子冈牌就大多为康熙朝之后的伪作。陆子冈的成功与成名，恰恰说明了明代制玉与用玉的发达，也是玉雕工匠从社会最底层提升为艺术大师的开始。

玉是吉祥美好的象征

清代应该是中国历史上最注重吉祥寓意和口才的时代了，上至皇族贵戚，下至黎民百姓，吉祥的概念充斥着每一个空间，每一件器物，甚至是见面的第一句话都要讨个吉祥，大家共同追求着一种表面化的和谐与幸福。这种文化体现在大量的吉祥文化玉器上，而在清代吉祥玉中首屈一指的当属玉如意。

玉如意，是从明代就开始大量普及的玉雕题材，因玉与“遇”同音，所以玉如意就是“遇如意”，同时人生如玉和“人生如意”又是谐音，所以赠人玉如意就有双重的寓意。明清两代帝王们制作了大量的玉如意，清时极为流行吉祥话和礼俗，如意以其“如人之意”的美好，成为吉祥文化的象征之一。所以清代宫中使用如意可以用疯狂来形容，乾隆帝曾有诗描绘这种使用如意的盛况：“处处座之旁，率常陈如意。”

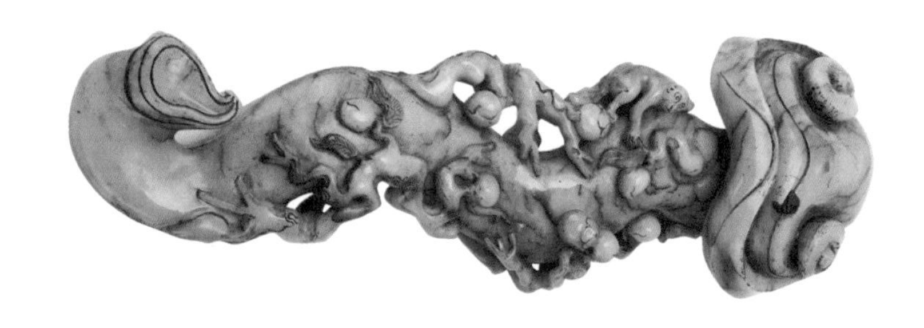

白玉灵猴献寿如意

乾隆帝有很多咏如意的诗作，其中一首《咏白玉如意》诗，将中国传统的“君子比德于玉”与如意联系在一起，赞其：

盈尺和阗玉，良工琢曲琼。
惟坚待为错，曰白自含英。
底藉公孙辩，还嗤惠子鸣。
指挥供代语，静默足洗情。

从现存的清代《进单》《贡档》来看，为迎合乾隆帝的喜好，宫廷内外的官吏向皇帝的进贡活动中，如意经常位列首位。尤其乾隆三十年以后，各地进贡的物品都以如意为先，且多为九柄成套，取《诗·小雅·天保》中“九如”：“如山、如阜、如冈、如陵、如川之方至、如月之恒、如日之升、如南山之寿、如松柏之茂”之喻。两国邦交礼如意，加官晋爵用如意，宫中庆典赏如意，女儿陪嫁送如意，玉如意几乎成了乾隆朝礼物的象征，祝福着所

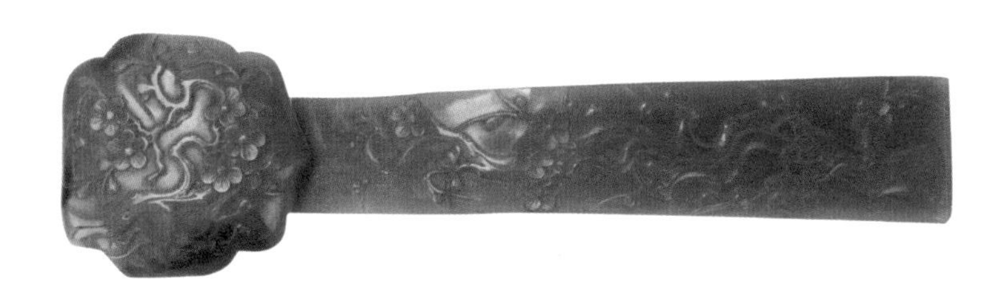

青玉梅花纹如意

有人的人生如玉。

除了玉如意，喜庆的童子也是清代玉雕中最普及的形象。童子文化源于宋代，但真正的兴盛在清代，百子图、五子登科、和合二仙、一帆风顺、步步登高、童子闹弥勒、莲生贵子、婴儿枕……玉的纯洁高贵与童子的天真欢乐相互融合，让人见着不由得心生欢喜。清代的童子题材不但在民间大量出现，在威严的皇家宫殿中也是随处可见，玉童子的每一张笑脸都能给人们带来祥瑞，平添了一分生活的喜悦。

玉摆件就是将吉祥摆在案几上，在玉摆件的题材中，最主要集中在福禄寿喜财五个方面: 佛手的寓意是谐音“福寿”，玉南瓜、玉桃、灵芝代表“长寿”，福瓜、蝙蝠为“福”。同类的和合二仙代表和睦，玉葡萄、玉石榴寓意“多子多孙”，三只羊象征“三阳开泰”，玉白菜是满族贵族嫁女儿必备的嫁妆，象征着女儿的

黄玉白菜

冰清玉洁，同时也寓意“百财”。在《红楼梦》中贾母到了宝钗的屋子，发现雪洞似的什么也没摆，在那个时代屋内不摆放几件器物就是穷苦孤僻的象征，所以贾母就特意给她送来了几个摆件。

在日常生活中，还把玉器做成薰香的香炉、置帽的帽架、装首饰的宝盒、鼻烟壶等等，琳琅满目的玉生活象征着美好，象征着富足。随着西洋文化的进入，甚至还有贵族用玉制作香水瓶和吸食鸦片的烟枪等。清代流行硬木家具，各种与硬木组合而成的玉家具也应运而生了，玉工把琢制出不同图案和造型的玉片镶嵌在家具上，成为清代独具特色的一种组合技艺。

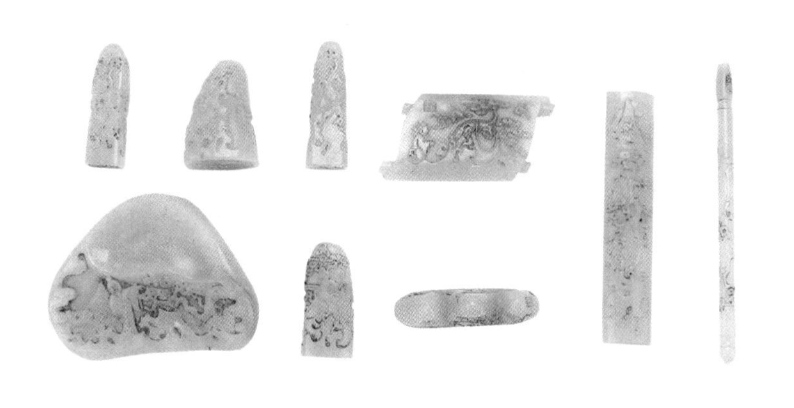

白玉文房用具

（印章、臂搁、砚台、笔架、镇纸、笔管）

文人使用的文房用具更是以玉为贵，笔筒、笔洗、笔架、镇纸等等，有的华贵富丽，有的清新淡雅，它们既是实用品，更是文房雅玩。

在清代，玉器融入了国民生活的各个方面，玉料丰盈，制玉工艺水平达到了前所未有的高度。清代继承了明朝的宫廷玉作机构，与其他工艺制作机构统称为“造办处”专为皇家制玉。皇家大力推崇，民间则喜闻乐见，特别是在富庶的江南地区，更形成了玉器的制作与贸易中心，其中以苏州、扬州为主。苏州制玉是延承明代传统，以中小型器皿和玉饰为主。扬州则能攻雕大型或巨型作品，技艺水平甚至超过了宫廷造办处，强如中国玉器之尊

碧玉龙纹笔掭

的“大禹治水图”玉山，即是乾隆皇帝下诏审准扬州玉匠完成。

清代玉器以不惜工、不惜料，追求极致的华丽与难度为特色，是古代玉雕工艺和类型的大汇总。特别是乾隆朝，玉器的制作因各方面条件的成熟而呈现出前所未有的繁荣景象，是中国古代玉文化高不可及的巅峰，也是最后的辉煌。

自诩为十全老人的“玉痴”皇帝

如果问中国历史上谁是最爱玉的皇帝，那一定是乾隆。他对玉的痴迷超过了以往的所有帝王，这位一心一意名垂千古的皇帝还把自己对玉的品评写成了诗文，让玉工雕刻在玉器之上，以彰显自己的才华和贡献。据统计，他的御制诗中关于玉的诗将近八百首，故宫博物院藏玉三万多件，其中一半以上与乾隆有关。乾隆为他的儿子嘉庆皇帝起名叫颙琰，琰是美玉的名字，颙琰的所有兄弟也都以美玉命名。

可以说，乾隆推动清代玉器达到了空前发展、高不可及的巅峰，以乾隆宫廷玉器为代表的清代治玉风格，皆可用“精”“美”来描述。他是名副其实的玉痴皇帝，为整个大清锻造了一个玉的王国。

白玉贴金彩绘双耳活环瓶

乾隆爱玉与他自幼受儒家文化的影响有直接的联系，对比康熙、雍正两位帝王还有一些满族文化教育的沿袭，乾隆皇帝自幼就已经非常汉化了。儒家“君子比德于玉”的思想已经深深地融入了乾隆的血液，再加上他平定准格尔，打通了和田到中央的玉路，使得玉料可以源源不断地进入中央，所以从乾隆二十五年起就制定了贡玉制度，这在以前历代是没有出现的，好的玉料是玉器制作的前提。在工艺方面，因为他是在位六十年的“太平天子”，所以有大把的时间，动用全国的力量完成绝世的玉雕作品贡入皇宫供其赏玩。

除了玉料、工艺水平和时间三个前提因素外，能够成为“玉痴”还有一个最重要的原因是艺术欣赏水平。乾隆对书画很痴迷，他会让书画家甚至他自己参与到玉雕的设计中。有些玉雕就是直接用画稿来作为设计稿的。乾隆玉雕有很多山水画的元素，全是由文人画家来设计，比如一件玉制笔筒，如果把纹饰摊开就是一幅山水画。以书画的审美意境来要求玉雕的制作，把“山子雕”发挥到了极致，玉山雕刻的路径、人物要跟原画保持一致的同时，所描绘的道路与风景即便有隐蔽的地方，转到其他角度也要保持连贯与通畅，所以“山子雕”又叫“四面通景玉图画”。称作“玉图画”是因为乾隆认为书画纸质品的保存期最多也就千年，但玉长久不坏，用玉雕琢的人文精神与艺术可以做到万世流传。乾隆时期诞生了大量经典的“玉图画”，其中最著名的莫过于“大禹

秋山行旅图玉山子

治水图”“秋山行旅图”“会昌九老图”“五老图”等。“玉图画”可以说是乾隆皇帝送给中国玉文化的一部永不消失的经典。

乾隆对仿古也有独到的见解。明代以前的仿古几乎就是与原物一模一样，乾隆所谓的仿，是仿古意，传承的是精神，但要有本朝代的创新，比如乾隆仿汉代韘形佩，他将它做了创新。韘原

青玉富贵金猪摆件

本是戴在手上拉弓射箭的，所以带孔，到了汉代演变成鸡心佩，成为佩饰，到了乾隆又创新，把它做成合符——两块佩可以分开，也可以像榫卯式地插在一起合二为一。乾隆好古，多数仿古器物刻着铭款。款识主要用阴文“大清乾隆仿古”“乾隆年制”“乾隆仿古”三种。

乾隆晚期，痕都斯坦玉器进入中国。痕都玉多为实用的碗、杯、洗、盘、壶等饮食器皿，器皿装饰很有特色，器身多饰莨菪、西番莲和铁线莲等植物花卉，并在器壁镶嵌金、银细丝及红、绿、黄、蓝等各色宝石。除了装饰精美，器皿还采用薄胎技术，胎体透薄，被乾隆帝称赞“西昆玉工巧无比，水磨磨玉薄如纸”。

白玉镶铜活龙纹首饰盒

双鹅衔穗摆件

乾隆帝对玉器制作常亲力亲为，从料场选材、画稿设计、成本核算到审批的各个环节都有参与。据统计，乾隆朝光是发布的关于宫廷玉器制作的谕旨就有近万道，涵盖了玉器从采矿、雕刻、鉴定、刻款、陈设整个过程的细节当中，纵观中国历史，再也没有一位皇帝爱玉如斯了。

乾隆不但为我们留下了几万件精美的玉器，冠绝古今的巨制玉山和流传百年的琢玉技艺皆是丰厚的文化遗产，而“乾隆工”也逐渐成为精美玉器的代名词。

慈禧皇太后指尖的那一点灵动

乾隆朝后，清朝国力渐衰，无论是玉料的供应还是工匠的技术都难以为继。道光朝时，皇帝明旨取消了贡玉制度，清王朝的玉雕工业面临瓦解。而不久之后，玉器制作又出现了一次短暂的复兴，此时的玉料已经不再独宠和田美玉，产自缅甸的“翡翠”强势加入进来。

翡翠因其色彩艳丽，水润十足，充满了生命的灵动而深受当时的实际统治者慈禧太后喜爱。虽然国家内忧外患，但并没有妨碍慈禧对翡翠等珠玉饰品的大量需求。为了投其所好，王公大臣们四处搜罗奇珍异宝供慈禧赏玩，这其中不但有大量的饰品，还有寓意美好的厅堂摆饰，题材大多以福寿绵长为主。受慈禧的影响，中国人开始喜欢翡翠，并把它归为硬玉风行至今。

翡翠富贵吉祥摆件

因慈禧笃信佛教，更喜欢别人称自己为“老佛爷”，所以在慈禧统治中国的四十七年间，宫廷造办处制作和各地进贡的玉质、翡翠质佛造像、菩萨造像无数。民间传说，1900 年八国联军入侵，慈禧仓皇逃离北京时，将用的玉饰和把玩的玉器，足足装满了三千个檀木箱子。

慈禧对翡翠珠宝的热爱程度从一些历史的碎片化信息中可以得到证实。美国女画家凯瑟琳 · 卡尔曾为慈禧作肖像，慈禧常常是珠翠满头，雍容华贵。但卡尔后来说：“慈禧佩戴之首饰，种

银镀金点翠嵌珍珠宝石花果纹簪

类虽多，而终不过珠翠二者。”也就是说，慈禧太后佩戴最多、最喜欢的，还是珍珠和翡翠。据老太监们说，慈禧太后最爱的是一枚碧绿的翡翠戒指，头上戴的几朵珠花，以及一件珍珠串起的披肩。这几样珠宝在流传至今的慈禧照片中可以见到。

慈禧死后把自己对翡翠的热爱一起掩埋，据李莲英和侄子合写的《爱月轩笔记》中，详细记载了慈禧随葬品的种类、数量、位置以及价值等，其中不乏珍贵的翡翠饰物。

在慈禧棺内，底部铺的是金丝织宝珠锦褥，厚7寸，镶有大小珍珠12604粒、宝石85块、白玉203块。锦褥之上铺着一层绣满荷花的丝褥，丝褥上铺珍珠 2400 粒。入殓时的慈禧头戴镶嵌珍珠宝石的凤冠，冠上一颗珍珠重 4 两，大如鸡蛋，当时就值白银一千多万两；口内含夜明珠一粒，脖颈上有朝珠 3 挂，两挂是珍珠的，一挂为红宝石的；身穿金丝礼服，外罩绣花串珠褂，足蹬朝靴，手执玉莲花一枝。在其身旁还陪葬着金、玉佛像，以及各种宝玉石、珊瑚等。据说，当宝物殓葬完毕后，送葬的人发现棺内还有孔隙，就又倒进了 4 升珍珠和 2200 块红、蓝、祖母绿宝石。

一生显赫的慈禧，陪葬丰厚的太后，却万没想到因为自己对珠玉的热爱与贪婪，使自己最终落得被人掘陵开棺、肆意践踏的悲凉结局。而那些本以为可以陪伴永远的珠玉也在历史的尘埃中消逝得无影无踪了。这也是几千年中国玉文化始终教导君王们要

翡翠五犬旺财摆件

白玉凤鸟观音摆件

“贵玉德而非贵珠玉”的真实写照吧。

玉琢成器，伴随着祖先奔跑过蛮荒的时代，祈祷在文明的起点，成为了感通天地、礼乐文明的祥瑞；从古至今，一代代圣哲先贤们以玉载道，赋予了玉器无限的美好与君子的德行，中华大地以德为先；魏晋气度千古风流，承载道，融合释，彰显儒，三教和合在玉中；杨玉环的遗憾缘于大唐的金玉满堂，宋徽宗的悲怨难掩宋辽金文化的辉煌；元世祖敕造“大玉海”，明神宗独爱“陆子冈”；巫玉时代、王玉时代、民玉时代抵不过人生如玉，近万年琢磨机巧终汇“乾隆工”。

王朝往复更迭，人生如白驹过隙。人琢磨玉，玉伴人。人书写历史，玉承载精神。人虽已不在，但精神长存。所有的人都是

三足宝鼎

历史的过客，但玉在成为有形之器的刹那，有了灵韵，实现了永恒。

如今的我们在欣赏那一件件精美的玉器时，仿佛看到了那些时而激昂、时而温婉、时而欢聚、时而离别、时而幸福、时而痛苦的伟大时代。而那些帝王将相、文人墨客和大师工匠们的灵魂仿佛在通过玉器向我们诉说着各自的情怀。

一部玉文化史就是中华文明的发展史。

玉之史

中华玉　八千年　古至今　史相传
新石器　玉龙见　通神灵　图腾奠
北方玉　在红山　鸟兽形　最多见
南方玉　良渚边　璧与琮　能领衔
夏商玉　活灵现　丝路漫　玉在前
西周玉　立规矩　守宗法　形制严
春秋王　战国侯　龙凤配　出和田
儒盛起　礼学兴　玉文化　始正名
慧卞和　抱璞悲　勇相如　完璧归
十五城　未必得　真无价　将相和
秦一统　汉当午　玉为饰　礼葬辅
魏晋人　食玉盛　馔玉美　丹炉熔
隋唐始　工艺精　西域情　雕玉中
宋辽金　更崇玉　玩味增　添雅趣
元玉海　尽豪情　效宋人　袭遗风
明繁荣　仿古盛　入民间　市流通
清朝君　爱玉深　乾隆帝　藏玉丰
慈禧后　钟翡翠　王朝裂　玉飘零
民国乱　完玉崩　国玉魂　犹唱吟